LES GUIDES CREATIFS

L. Parravicini
L. Viazzo

SAVOIR OBSERVER LE CIEL

ÉDITIONS DE VECCHI S.A.
52, rue Montmartre
75002 PARIS

Malgré l'attention portée à la rédaction de cet ouvrage, l'auteur ou son éditeur ne peuvent assumer une quelconque responsabilité du fait des informations proposées (formules, recettes, techniques, etc.) dans le texte.
Il est conseillé, selon les problèmes spécifiques – et souvent uniques – de chaque lecteur, de prendre l'avis de personnes qualifiées pour obtenir les renseignements les plus complets, les plus précis et les plus actuels possible.

Les auteurs remercient l'Association d'astronomes amateurs de Côme (Italie), F. Sestagalli, C. Baj, A. Avanzi et D. Colombo pour leur gracieuse collaboration

AVERTISSEMENT

Dans le cadre des éclipses solaires, il existe des risques importants de phototraumatisme pouvant entraîner une altération visuelle définitive. Il est donc indipensable, pour y assister, d'utiliser des lunettes de protection ad hoc. *Pour cela, informez-vous auprès de votre opticien et utilisez du matériel en conformité et aux normes de sécurité.*

Dessins de Laura Colombo

Élaborations graphiques de L. Viazzo

Traduction de Frédéric Delacourt

Imprimé en Italie

Préface

Le ciel étoilé fascine tous ceux qui ont l'occasion de l'observer. Il arrive que, après ce premier contact, certains aient envie d'approfondir leur connaissance de la voûte céleste, de découvrir les objets les plus intéressants qui la peuplent, les constellations qui regroupent les principaux astres, les différentes planètes que l'on peut voir saison après saison et le mouvement apparent qui caractérise chaque élément du ciel. Les gens qui sont fascinés par tous ces aspects et veulent approfondir les connaissances qu'ils ont apprises à l'école passent du statut de simple observateur « occasionnel » à celui « d'astronome amateur » : ce dernier qualificatif désigne ceux qui observent le ciel par passion et qui peuvent passer des nuits entières à rechercher un objet caché dans les profondeurs du cosmos.

Tous les passionnés d'astronomie rencontrent des difficultés à leurs débuts et les deux auteurs de ce livre ont pu le vérifier par eux-mêmes. Ils ont conçu ce livre en se souvenant des problèmes théoriques et pratiques qu'ils ont rencontrés au cours de leurs premières observations. Ils espèrent que leur travail sera aussi utile aux passionnés qui débutent pour qu'ils puissent accomplir leurs premiers pas vers la voûte céleste qu'aux astronomes confirmés, afin qu'ils puissent revoir ou approfondir certains aspects particuliers de l'astronomie.

LES INSTRUMENTS D'OBSERVATION

L'œil et les lentilles

L'appareil visuel est certainement l'un des plus délicats et des plus complexes de l'organisme. Il est conseillé d'y faire très attention car beaucoup de facteurs peuvent endommager cet appareil, parfois de façon irrémédiable : les sources lumineuses d'une grande intensité (rayons solaires, fers à souder, lumières ultraviolettes) ou encore des poussières ou des substances acides.
Si vous avez la chance de posséder des yeux en bonne santé et ne présentant aucun défaut, vous pourrez observer de très nombreux objets sur la voûte céleste et ainsi reconnaître et mémoriser facilement des configurations stellaires même complexes. Ceci est d'une importance fondamentale pour tous ceux qui observent le ciel : ce n'est qu'ainsi qu'ils pourront distinguer une constellation d'une autre ou encore comparer la magnitude de deux objets ou plus.

Les anciennes populations de la Terre ont ainsi réussi, à l'œil nu – grâce également à l'absence de pollution lumineuse – à découvrir et à classer une grande quantité d'objets, certains même d'une faible luminosité, que nous pouvons encore retrouver aujourd'hui lors de nos observations nocturnes ou sur des atlas stellaires.
Pour qu'une image se forme dans notre cerveau, soit au moyen de nos seuls yeux, soit avec l'aide d'instruments (des simples jumelles de vue aux télescopes plus puissants), nos yeux doivent représenter une partie importante du parcours accompli par la lumière. Il est donc indispensable de posséder quelques notions d'anatomie de l'œil pour connaître ses limites, ses qualités et ses défauts. Pour vous aider dans ce sens, nous vous renvoyons aux dessins et aux paragraphes qui vont suivre.

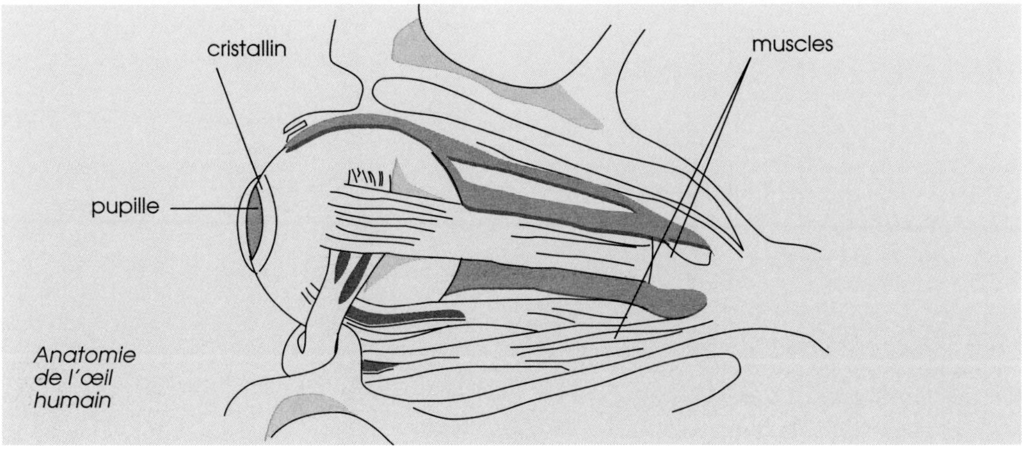

Anatomie de l'œil humain

SECTION SCHÉMATIQUE DU BULBE OCULAIRE

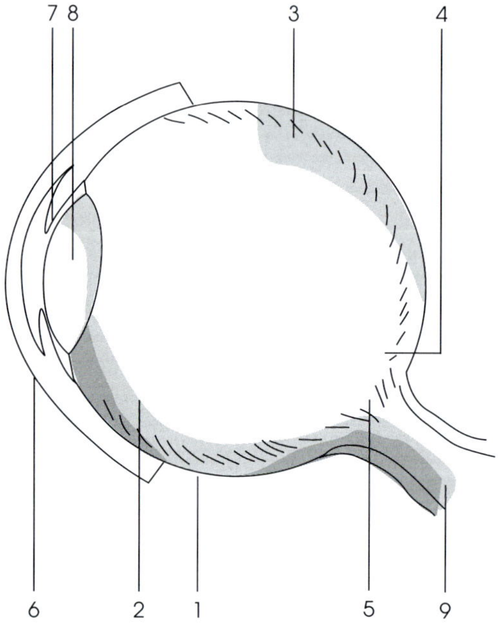

1 sclérotique : c'est le « blanc » de l'œil

2 choroïde : membrane de l'œil

3 rétine : elle est constituée de cellules photosensibles qui transmettent des impulsions au nerf optique.

4 fovéa : point où le nerf optique est relié à l'œil

5 tache aveugle : ne possède pas de cellules photosensibles

6 cornée : partie externe du globe oculaire

7 iris : muscle diversement coloré qui régule l'entrée de la quantité de lumière

8 cristallin : lentille transparente et biconvexe qui permet la mise au point

9 nerf optique

LES LIMITES DE LA VISION

Dans un œil sans défaut, le diamètre de la pupille passe environ d'un millimètre, en cas de fort rayonnement lumineux, à environ huit millimètres, quand la lumière est faible ou nulle. Cette variation de diamètre est due à l'intervention de l'iris, un muscle qui se comporte exactement comme le diaphragme de l'objectif d'un appareil photo.
On a la faculté d'observer deux objets très rapprochés (par exemple des étoiles doubles), ce qui équivaut au plus haut degré de résolution ou en d'autres termes au maximum d'acuité visuelle, quand la pupille atteint un diamètre moyen de 2 mm environ. Dans le même temps, cela limite la vue de l'homme dans l'obscurité de la nuit.
Une autre limitation de la vue, parfois confondue avec la précédente, est liée au temps qu'il faut à l'œil pour s'adapter à l'obscurité, c'est-à-dire à chaque fois qu'il passe de la lumière à la pénombre.
En moyenne, il faut environ 10 à 15 minutes pour retrouver une bonne sensibilité et une demi-heure ou davantage pour atteindre les valeurs maximales.
Les astronomes confirmés conseillent de ne commencer l'observation du ciel qu'après avoir laissé pour ainsi dire « reposer » sa vue jusqu'à ce que l'acuité visuelle soit au maximum : en outre, il est conseillé, pendant toute l'observation, d'utiliser des sources lumineuses filtrées (les lumières rouges sont les plus adaptées).
Une dernière limitation de la vue est due à l'incapacité qu'a l'œil humain de se concentrer en même temps sur deux détails d'une même image : ainsi, l'acuité visuelle diminue proportionnellement à l'augmentation du champ visuel.
En dehors de la première limitation, liée à l'anatomie de l'œil humain, les autres « handicaps » n'ont pas beaucoup d'influence sur l'observation astronomique et peuvent être surmontés facilement en prenant les précautions nécessaires.

LES DÉFAUTS VISUELS (« DOIGT DANS L'ŒIL » DANS LE JARGON DES AMATEURS)

Les défauts possibles de la vue sont innombrables : certains peuvent être congénitaux et d'autres, malheureusement, surviennent en vieillissant. Voici, par ordre de fréquence, les principaux défauts que l'on rencontre dans l'œil humain, accompagnés, quand cela est possible, de la correction à apporter.

Myopie : l'image est mise au point devant la rétine au lieu de l'être sur la rétine, ce qui crée des difficultés pour voir des objets éloignés. On corrige ce défaut en utilisant des verres que l'on peut retirer pendant l'observation astronomique si l'instrument utilisé est doté d'une mise au point automatique.

Hypermétropie : à l'inverse de la myopie, elle se traduit par une difficulté à focaliser sur des objets proches. On corrige ce défaut avec des verres que l'on peut retirer pendant l'observation astronomique en employant des instruments optiques ou en faisant un réglage sur l'infini.

Astigmatisme : il provoque une vision déformée de l'image due à une irrégularité de la cornée ou du cristallin. On corrige ce défaut avec des verres cylindriques que l'on utilise également pendant l'observation au télescope.

Presbytie : elle entraîne des difficultés à focaliser sur des objets proches. Ce défaut survient généralement en vieillissant et on le corrige de la même façon que l'hypermétropie.

LES LENTILLES ET LA FORMATION DE L'IMAGE

Une lentille est constituée d'un solide de matière transparente (en général du verre) et découpé en calottes sphériques capables de dévier la lumière qui le traverse. Cette caractéristique, propre à toutes les lentilles, correspond à l'indice de réfraction : il est défini comme le rapport entre le sinus de l'angle d'incidence et celui de l'angle réfracté et il dépend principalement du type de matériau qui constitue la lentille. En général, un verre d'optique a un indice de réfraction de 1,6 environ, mais il existe aujourd'hui des matériaux dont les indices sont beaucoup plus élevés.
Une caractéristique des lentilles convergentes est de faire converger tous les rayons qui arrivent parallèlement à l'axe otique en un même point de l'axe, appelé foyer. La distance qui sépare le centre d'une lentille de son foyer est appelée « distance focale ».
En ce qui concerne la formation de l'image, il est important de rappeler qu'il y a une différence entre une image réelle et une image virtuelle. La première est formée par les rayons lumineux (réfléchis ou réfractés) et peut-être recueillie sur un écran. En revanche, une image virtuelle est constituée des prolongements (réfléchis ou réfractés) des rayons lumineux et elle ne peut pas être recueillie sur un écran.

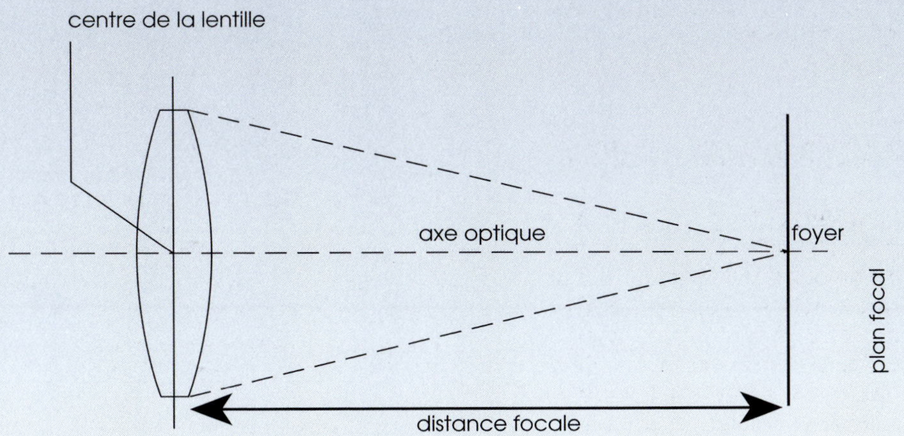

Caractéristiques générales d'une lentille

DIFFÉRENTS TYPES DE MÉNISQUE

convergent

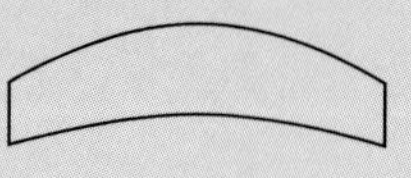

divergent

à puissance nulle

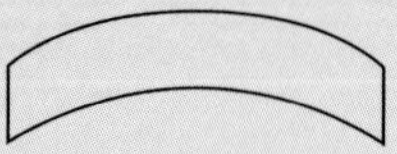

DIFFÉRENTS TYPES DE LENTILLE

plane-convexe

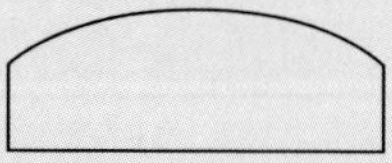

biconvexe

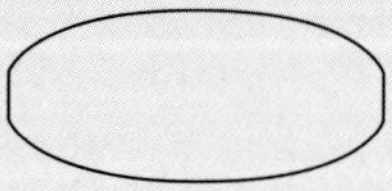

plane-concave

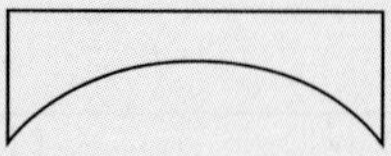

biconcave

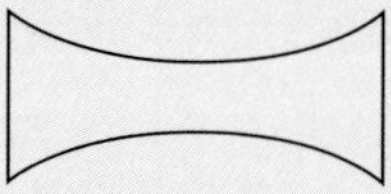

QUELQUES TYPES DE DOUBLET ACHROMATIQUE

de Gauss

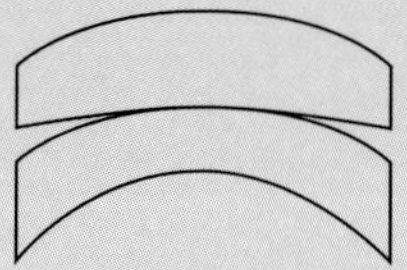

de Clark

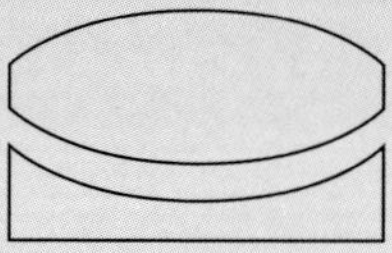

aplanétique Flint-Avanti

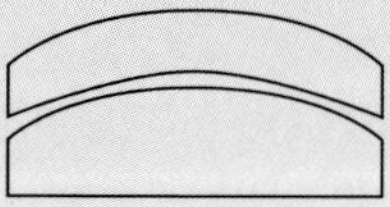

Clairaut à lentilles collées

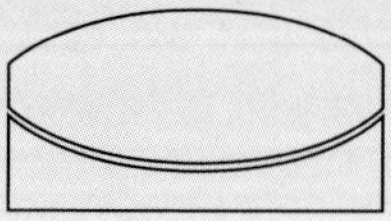

Littrow

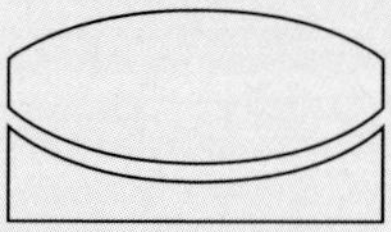

Fraunhofer (aplanétique)

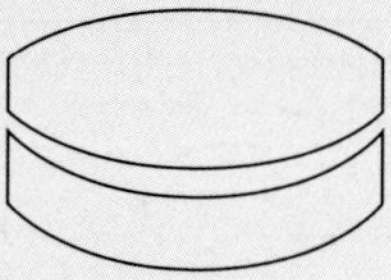

POINTS DE FORMATION ET TYPES D'IMAGE

Légende
c = centre de courbure
f = point focal

Quand l'objet est situé à l'infini, on obtient une image rapetissée, à l'envers et réelle, qui se forme sur le point focal

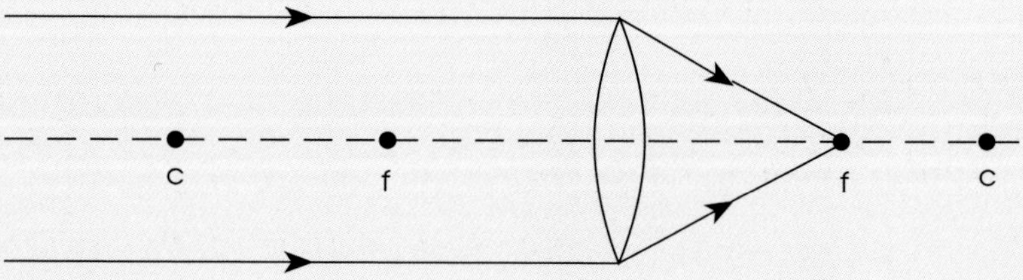

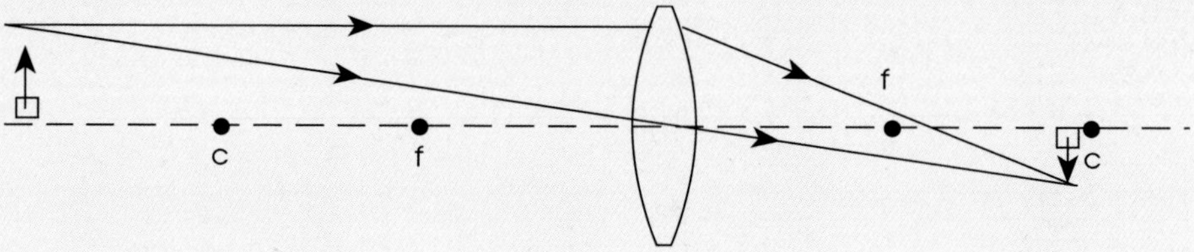

Si l'objet est situé entre l'infini et le centre de courbure, l'image apparaît rapetissée, à l'envers et réelle et elle se forme entre le foyer et le centre de courbure

Si l'objet est situé sur le point focal, on obtient une image infiniment grande, à l'envers et réelle, située à l'infini

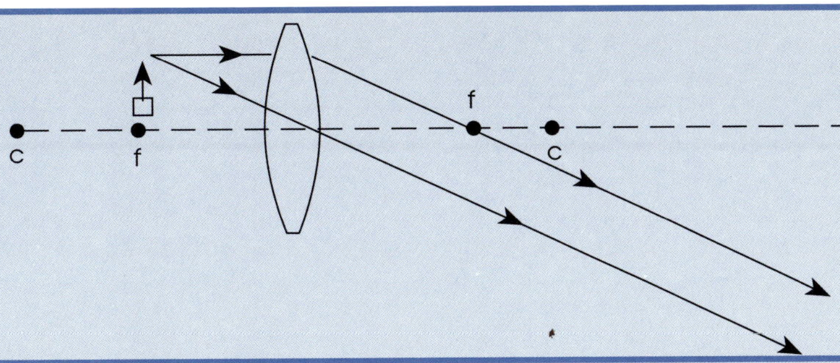

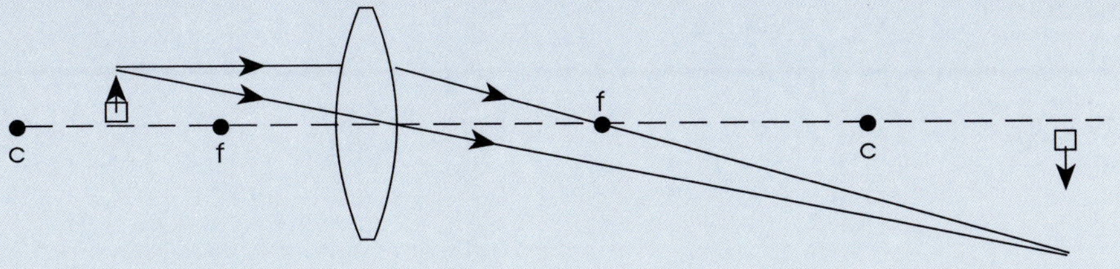

Quand l'objet est placé entre le centre de courbure et le foyer, on obtient une image située entre le centre de courbure et l'infini, agrandie, à l'envers et réelle

Si l'objet est situé entre le foyer et le centre de la lentille, on obtient une image agrandie, à l'endroit et virtuelle, placée du même côté que l'objet

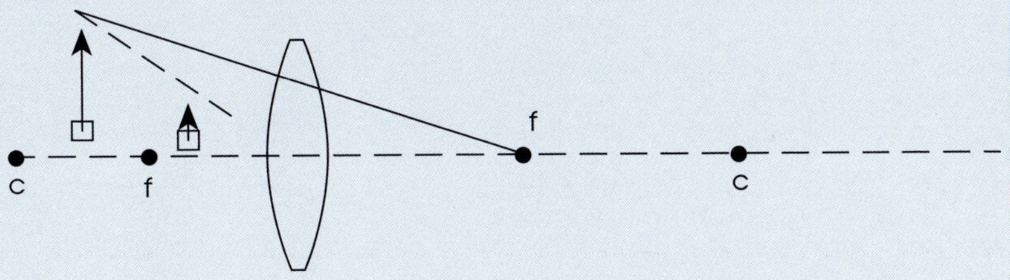

Si l'objet est à l'infini, l'image se forme sur le foyer et est rapetissée, à l'endroit et virtuelle

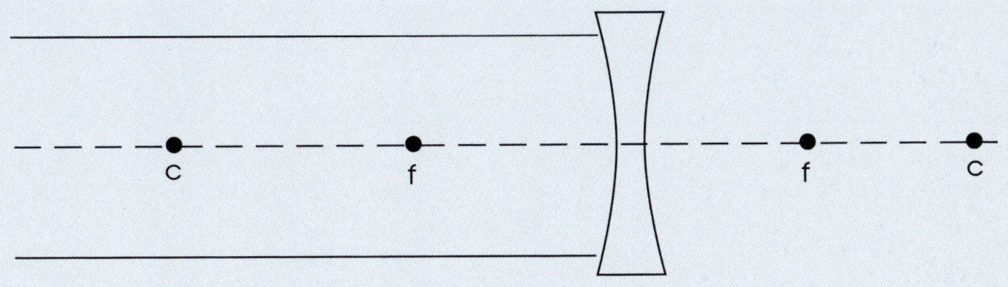

Quand l'objet est placé entre le centre de courbure et l'infini, l'image est à l'endroit, virtuelle et rapetissée et elle se forme entre le centre de la lentille et le foyer

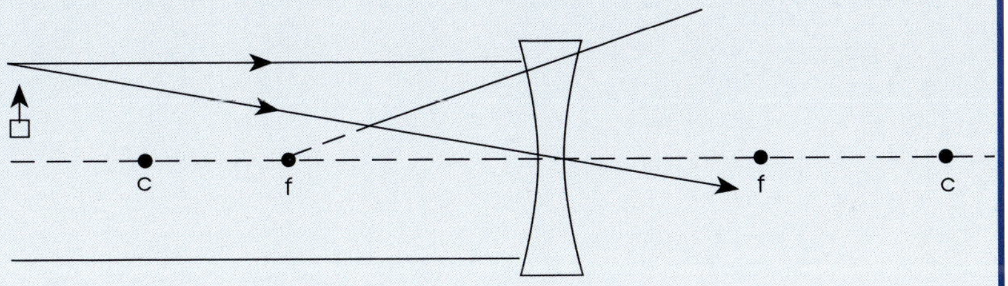

LES JUMELLES, LE COMPAGNON INDISPENSABLE DU PASSIONNÉ D'ASTRONOMIE

Tous ceux qui observent pour la première fois le ciel étoilé à travers une bonne paire de jumelles peuvent, grâce à un grossissement moyen-bas et à un champ visuel élargi, avoir une idée précise de la portion de ciel qu'ils visent et parvenir à s'orienter très facilement parmi les constellations.
Cet instrument important est apparu quelques années après la présentation publique, aux environs de 1600, de la première lunette de J. Lippershey. Composées de deux lunettes accouplées, les jumelles permettaient à un observateur d'utiliser ses deux yeux, mettant ainsi fin aux nombreuses critiques dont Lippershey et sa lunette avaient été l'objet.
Actuellement, les jumelles ont été modifiées et améliorées mais cet instrument est resté dans l'ensemble semblable à ce qu'il était autrefois. Aujourd'hui comme hier, le fait de pouvoir observer avec les deux yeux nous permet de mieux nous concentrer sur une image qui a souvent une faible intensité et est très diffuse, afin d'en saisir les multiples détails fascinants.
Des jumelles offrant un très grand grossissement sont utilisées par les astronomes les plus expérimentés pour rechercher de nouvelles comètes et pour observer des objets célestes particuliers dont la structure est très diffuse (par exemple des galaxies, des nébuleuses ou des amas ouverts) : cet instrument en donne des images spectaculaires. Ainsi, une bonne paire de jumelles doit toujours accompagner l'astronome dans ses observations, d'abord comme un appareil pour faire connaissance avec la voûte céleste puis comme un moyen de découvrir de nouveaux objets.

Structure des jumelles

Pour obtenir un instrument aux bonnes dimensions et très pratique, il a fallu modifier les parties optiques et mécaniques des lunettes et les rendre beaucoup plus complexes dans les jumelles, comme vous pouvez le constater sur le dessin ci-contre. C'est pour cette raison qu'il est déconseillé à tous les « bricoleurs » d'essayer de nettoyer eux-mêmes la partie optique des jumelles ou de tenter de les réparer. Comme tous les instruments optiques, les jumelles ont aussi besoin de soins particuliers et de précautions dont la liste vous est fournie dans l'encadré ci-contre.
Il est recommandé de connaître les parties essentielles qui composent des jumelles, c'est-à-dire les deux objectifs, pour pouvoir utiliser cet instrument le mieux possible. Placés du côté où arrive la lumière, ils sont constitués d'une lentille achromatique (pour éviter les reflets) de dimensions variables.

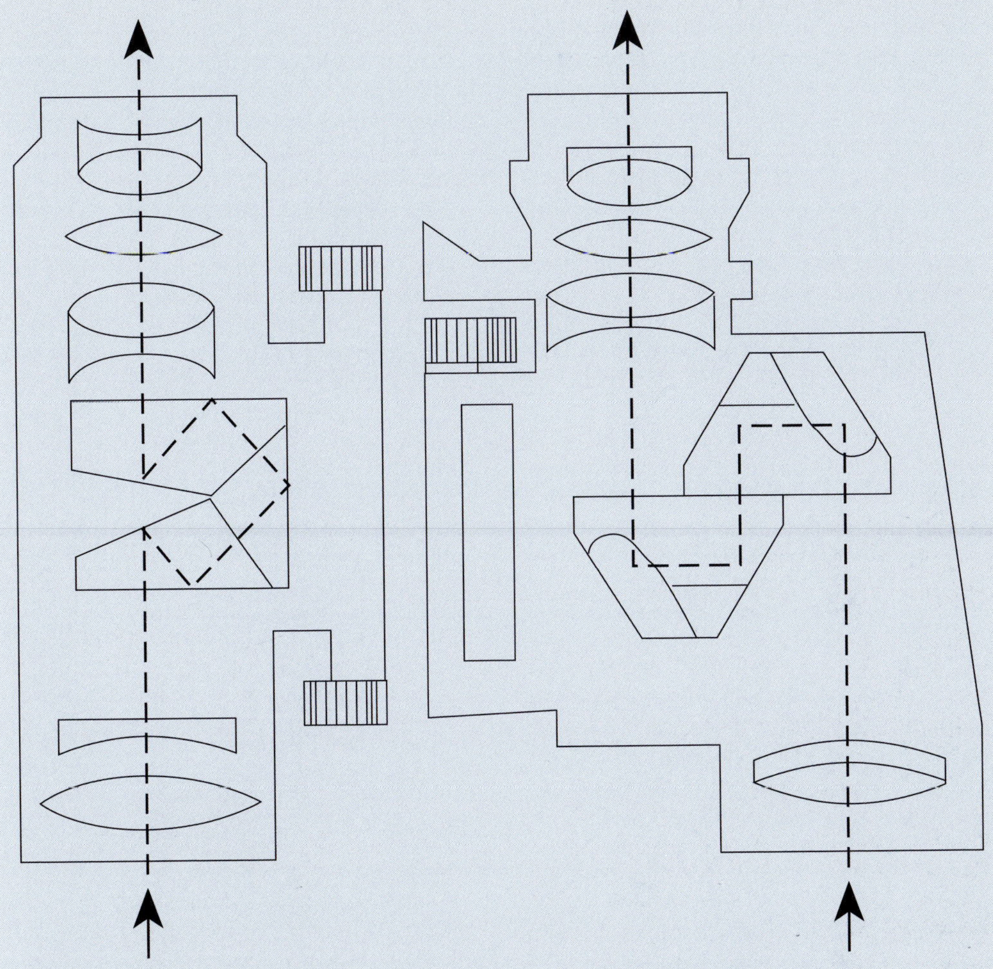

Schéma optique de jumelles à miroirs (à gauche) et à prismes (à droite)

COMMENT PRENDRE SOIN DE SON MATÉRIEL

- Quand vous n'utilisez pas vos jumelles, remettez les protections sur la partie optique et replacez l'instrument dans son étui : la poussière ou un choc pourrait lui être fatal.
- Quand vous faites une observation sans trépied, passez le cordon des jumelles autour de votre cou pour éviter une chute de l'instrument.
- Avant de passer à l'observation, attendez que la partie optique des jumelles se soit acclimatée à la température extérieure (quinze minutes environ).
- Il ne faut nettoyer les parties optiques des jumelles qu'extérieurement, et quand cela est vraiment nécessaire, avec un petit chiffon optique en peau de daim et en évitant d'utiliser des produits chimiques.

Dans le tube (la « carrosserie ») de chaque objectif, il y a une série de petits miroirs ou, si les jumelles sont d'une qualité supérieure, quelques prismes : ils permettent de voir un détail avec les deux yeux en même temps, annulant ainsi la distance entre les deux objectifs. En outre, ils redressent l'image : cette caractéristique, qui n'est pas indispensable en astronomie, est due au fait que les jumelles sont en général utilisées pour l'observation terrestre. Comme cette section optique est la plus délicate et la plus importante de l'instrument, il faut absolument éviter d'intervenir dessus, sauf si cette intervention est accomplie par le fabricant ou par un opticien expérimenté.
Aux extrémités opposées des tubes, on trouve les deux oculaires (composés également d'une série de lentilles semblables à celles des objectifs), à travers lesquels les yeux reçoivent l'image de l'objet visé. La focale d'un des oculaires est réglable. En ce qui concerne la structure mécanique des jumelles, on trouve en général une molette placée entre les deux lunettes qui permet à l'opérateur d'effectuer la mise au point sur l'objet visé. Sur les plus grandes jumelles, on trouve aussi, à côté de la molette de mise au point, un support pour fixer l'instrument sur un trépied grâce à un raccord adapté.

Comment utiliser correctement les jumelles

Quand on utilise les jumelles pour l'observation astronomique, il ne faut absolument pas imaginer que l'on va tenir longtemps l'instrument avec les mains : en effet, les objets célestes sont infiniment petits, d'une faible intensité lumineuse et parfois très rapprochés. Contrairement aux panoramas terrestres habituels, l'emplacement des objets célestes nous oblige souvent à adopter des positions inconfortables pour avoir une vision correcte. En tenant les jumelles avec les mains, cette position provoque une fatigue progressive du corps et entraîne une baisse visuelle suivie d'une incapacité à observer les détails des objets visés.
Pour utiliser correctement des jumelles, il faut les fixer solidement à un trépied (y compris un de ceux que l'on utilise en photographie), grâce à un support que l'on trouve facilement dans les magasins de photo et d'optique. Il faut ensuite régler la hauteur du trépied en fonction de la taille de l'observateur et à la zone du ciel choisie. Il faut également s'assurer que le trépied est parfaitement à plat et qu'il est bien stable sur le sol. Avant de commencer son observation, on règle correctement l'écartement entre les oculaires par rapport à celui des yeux (distance interpupillaire), afin d'obtenir une image complète, sans halos ni dédoublements.
Une fois ces opérations effectuées, on peut enfin commencer l'observation en visant un objet céleste de grande magnitude pour effectuer la mise au point entre les deux lunettes en tenant compte des éventuels défauts de vision de l'opérateur. Pour exécuter correctement cette opération, il faut avant tout rechercher le foyer de l'oculaire non réglable en agissant sur la molette centrale. Ensuite, en faisant tourner la

Jumelles avec support

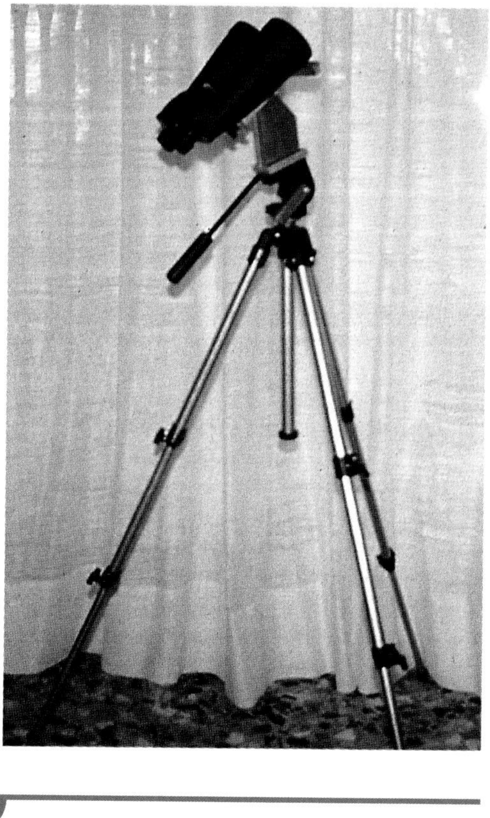

bague de correction de l'oculaire réglable, en général le droit, on essaie d'obtenir la meilleure vision possible de l'objet visé. Pour exécuter une telle opération, on peut choisir des objets célestes particulièrement indiqués comme certains amas ouverts de bonne magnitude, par exemple les Pléiades, ou encore le magnifique couple d'étoiles Mizar et Alcor, situées au centre de la queue de la Grande Ourse.
Une vision correcte ne doit pas procurer à l'observateur une sensation de perte d'équilibre, ni provoquer de superpositions d'images. Ces images doivent en outre être extrêmement régulières le long des bords et comprises dans un seul champ parfaitement circulaire.
Si, après avoir effectué avec précision toutes les opérations que nous avons décrites, la vision n'est pas parfaite, il peut s'agir d'un usinage imparfait des lentilles et des miroirs ou d'une perte d'alignement optique. Dans le premier cas, malheureusement, il n'y a rien d'autre à faire que de remplacer l'instrument… ; dans le second cas, il faut faire contrôler l'alignement optique par le fabricant ou par un opticien de confiance. La perte d'alignement optique peut aussi survenir après un choc, par exemple une chute. Avec les jumelles, on recherche chaque objet sur la voûte céleste en parcourant très lentement de petites portions de ciel, afin de savoir toujours précisément où l'on se trouve ; en s'aidant d'une carte du ciel, on passe d'un objet à l'autre jusqu'à ce que l'on ait observé toute la voûte céleste.
Cette technique offre la possibilité d'observer non seulement l'apparition des comètes, mais aussi beaucoup d'autres objets célestes diffus, comme les amas d'étoiles de type globulaire ou ouvert, qui sont d'une beauté inoubliable quand on les regarde au grand champ.
De même, certaines des galaxies et des nébuleuses diffuses parmi les plus fascinantes peuvent être bien observées à travers des jumelles assez puissantes. C'est ainsi que nous avons mieux observé M 31, la splendide grande galaxie située dans Andromède, avec de bonnes jumelles 10 x 50 qu'avec un télescope de 200 mm de diamètre !

Conseils pour l'achat de jumelles

Seules certaines particularités des jumelles intéressent l'observateur du ciel qui a l'intention d'en acheter. Étant donné que l'on trouve aujourd'hui sur le marché une grande variété de jumelles, avec de grandes différences de prix et de qualités optiques, il faut tenir compte des informations fournies par les fabricants, informations parfois négligées par les vendeurs.
Pour effectuer une observation astronomique, il faut avant tout que le grossissement soit important et que l'instrument reçoive le plus de lumière possible.

Grossissement

Cette caractéristique est facilement identifiable sur des jumelles : il s'agit de deux chiffres séparés par le signe multiplié. Le premier chiffre indique la valeur du grossissement produit par les jumelles. Sur la photo ci-dessous, il correspond au nombre 20. Le deuxième chiffre, à droite du signe multiplié, est toujours plus élevé que le premier et il indique le diamètre de chaque objectif. Sur la photo, il s'agit de 80. Ces informations de base sont reportées sur toutes les jumelles que l'on trouve dans le commerce et elles permettent une première classification que vous pouvez consulter dans le tableau page 16.
Les « jumelles de théâtre » sont des instruments en général de très petite dimension, qui produisent un très faible grossissement

Détail de jumelles

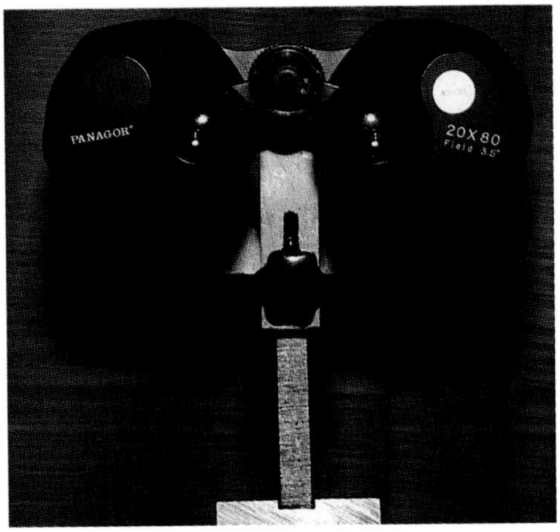

DIFFÉRENTS TYPES DE JUMELLES				
Petites (de théâtre)	**Non astronomiques**	**Bonnes, mais pas à proprement parler astronomiques**	**Astronomiques**	**Plus puissantes**
3 x 30	6 x 15	7 x 50	15 x 60	25 x 120
4 x 30	8 x 20	10 x 50	16 x 70	25 x 150
4 x 40	6 x 30	12 x 50	11 x 80	
	8 x 30		15 x 80	
			20 x 80	

et dont les parties optiques ne sont pas suffisantes pour l'observation astronomique. En outre, elles ne peuvent pas être adaptées à un trépied de soutien.
Les jumelles « non astronomiques » présentent souvent quelques caractéristiques qui pourraient leur permettre d'être employées pour des observations astronomiques mais leurs objectifs ne sont pas suffisamment grands pour recevoir une quantité de lumière adaptée pour scruter des objets aussi faiblement éclairés que ceux du ciel nocturne.
Dans le troisième groupe, on trouve des instruments qui produisent des images astronomiques assez intéressantes même si, en raison du diamètre assez insuffisant de leurs objectifs, des observateurs expérimentés ne peuvent pas les utiliser pour un travail systématique. Dans les deux derniers groupes, on trouve des instruments qui, soit en raison du diamètre correct de leurs objectifs, soit par leur grossissement élevé, peuvent être pris en considération par l'amateur qui a l'intention d'effectuer des observations de haut niveau ou de faire des recherches de type astronomique.
Du point de vue économique, les jumelles astronomiques les plus grosses et les plus puissantes coûtent plus cher que leurs « petites sœurs » et même que certains télescopes ayant des parties optiques plus développées.
Rappelons que des jumelles sont l'équivalent de lunettes accouplées et que beaucoup d'images astronomiques binoculaires ont une meilleure définition et sont plus fascinantes que des images télescopiques.

Champ

On trouve généralement (sur les jumelles ou sur leur fiche technique) la valeur du champ visuel exprimée en degrés et souvent précédée du mot anglais *field* (champ). Cette valeur est très importante parce qu'elle exprime la « quantité » de ciel visé ; par exemple, *field* 8° indique que l'instrument est capable de couvrir un champ de 8° de diamètre. Ainsi, entre deux paires de jumelles qui ont des diamètres et un grossissement équivalents, il est préférable de choisir celles qui présentent un *field* plus élevé.

CHAMP LINÉAIRE

Il arrive souvent que l'on trouve, associée à la valeur du *field*, celle du « champ linéaire » : il s'agit de la quantité de champ, exprimée en mètres, qui est couverte sur un kilomètre. De toutes façons, en connaissant le *field*, on peut calculer le champ linéaire grâce à la formule suivante :

$$\text{champ linéaire} = \frac{(1\,000 \times \textit{field})}{57{,}3}$$

Cette information n'intéresse naturellement pas l'observateur astronomique qui vise des objets distants de beaucoup plus d'un mètre, mais il est utile pour ceux qui se consacrent aux observations terrestres.

Luminosité

Comme nous l'avons dit, l'autre valeur qui n'apparaît que sur les instruments de bonne qualité est la « luminosité ». Selon les principes de l'optique, il faut rappeler que plus le grossissement effectué par l'instrument est grand, moins l'image obtenue est lumineuse. La luminosité des jumelles se calcule en élevant au carré le diamètre de ce que l'on appelle la « pupille de sortie ». On trouve la valeur de cette dernière en divisant le diamètre de l'objectif par le grossissement. Par exemple, des jumelles 10 x 80 ont une pupille de sortie égale à 8 (c'est-à-dire 80 : 10) et une luminosité de 64. Grâce à une autre équation simple, on peut obtenir la « valeur crépusculaire », c'est-à-dire la capacité de produire des images plus ou moins bien définies au crépuscule :

$$\frac{\sqrt{i \times D} - 0{,}6\, i}{i}$$

i = grossissement produit par l'instrument
D = diamètre des objectifs

Comme on peut effectuer des observations avec les deux yeux (leur écartement est en général de 67 mm environ) quand on utilise des jumelles, on obtient des images qui permettent d'apprécier la profondeur du champ visuel.
Les yeux sans instrument perçoivent cet effet jusqu'à une distance de 250 mètres environ, parce que leur pouvoir de résolution théorique est à peu près d'une minute d'arc.

LE POUVOIR DE RÉSOLUTION

Il représente la capacité qu'a tout instrument, œil compris, à distinguer la séparation (exprimée en minutes, secondes ou degrés d'arc) entre deux objets réellement ou virtuellement très proches. En astronomie, l'exemple le plus classique concerne les étoiles doubles dont certaines d'entre elles peuvent être distinguées à l'œil nu.

Comme nous l'avons vu, la plupart des jumelles remettent les images à l'endroit grâce à des prismes qui, en raison de leurs dimensions, augmentent l'écart entre les objectifs d'une distance au moins double par rapport à celle qui sépare les deux yeux. Ainsi, en augmentant le grossissement, on obtient en même temps une plus grande profondeur de champ. Pour des jumelles, on peut calculer le gain de profondeur de champ grâce à la formule suivante :

$$\frac{D}{d \times i}$$

D = distance entre les objectifs de l'instrument
d = écart entre les yeux de l'observateur (en moyenne 65 mm)
i = grossissement produit

Pour terminer, voici encore deux conseils pour acheter de bonnes jumelles.

- Comparez des instruments semblables de deux marques différentes et choisissez plutôt celle qui présente l'image la plus limpide, la plus contrastée, sans bords colorés ni déformations.

- Vérifiez que les prismes jouent correctement leur rôle : il vous suffit d'observer la pupille de sortie, qui doit être ronde et éclairée uniformément. Dans le cas contraire, elle se présente sous forme d'un carré ou d'un losange.

LE TÉLESCOPE : POUR SCRUTER DANS L'UNIVERS

L'histoire

C'est à la fin du printemps 1609 que Galilée a su que le Hollandais Lippershey avait inventé un instrument capable de faire percevoir comme « proches les choses lointaines ». Il a aussitôt pensé aux astres du ciel et, quelques mois plus tard, il a présenté sa lunette au doge de Venise, Leonardo Donato.

Cette lunette comprenait une lentille plane-convexe de 40 mm seulement de diamètre pour l'objectif et une lentille plane-concave pour l'oculaire. Elle mesurait moins de 50 cm de longueur et pouvait grossir environ huit fois.
Plus tard, Galilée a fabriqué des lunettes avec un plus fort grossissement mais présentant l'inconvénient (à cause du type d'oculaire) de couvrir des champs de plus en plus réduits. Ce n'est qu'en 1611, après beaucoup de recherches, que Kepler a proposé de changer la configuration de l'oculaire utilisé par Galilée : cela a permis de résoudre efficacement le problème du champ mais en a créé un autre, celui du renversement de l'image, un inconvénient qui, pour dire la vérité, ne gênait pas beaucoup les astronomes. Par la suite, on s'est rendu compte que pour fabriquer des lunettes astronomiques plus puissantes, il était indispensable d'utiliser des lentilles plus grandes, difficiles à réaliser et présentant une aberration sphérique et chromatique typiques des lentilles sphériques.
De nombreux opticiens ont travaillé pour résoudre ces problèmes. Parmi eux, Johannes Hevelius de Dantzig a utilisé pour la première fois un couple de lentilles qui constituait un doublet plan-convexe, et comme oculaire une lentille concave. Cette structure optique réduisait l'aberration sphérique d'environ 1/4 pour chaque lentille biconvexe et pouvait donc être utilisée dans des télescopes de grandes dimensions (certains instruments ont atteint jusqu'à 50 mètres de focale).

FORMATION DE L'IMAGE SUR LES MIROIRS CONCAVES

Légende
c = centre de courbure
f = point focal

Quand l'objet est à l'infini, l'image se forme sur le point focal : elle est à l'envers, réelle et rapetissée

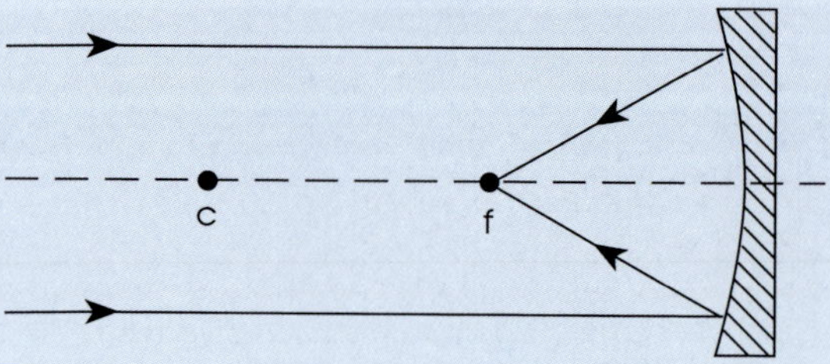

Si l'objet est situé entre le centre de courbure et l'infini, l'image qui se forme du même côté que l'objet est rapetissée, à l'envers et réelle

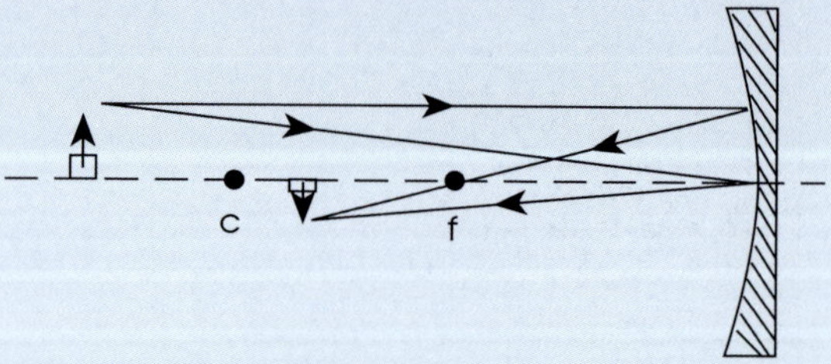

Quand l'objet est au centre de courbure, l'image apparaît à l'envers, réelle, au même endroit et de la même taille que l'objet

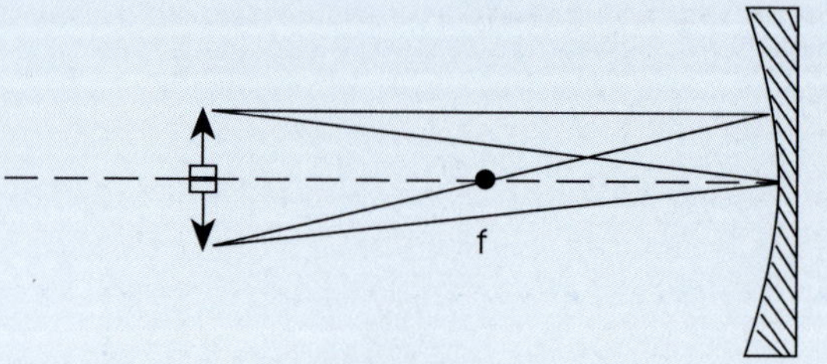

Si l'objet est situé entre le centre de courbure et le foyer, l'image apparaît agrandie, à l'envers et réelle et elle est située du même côté que l'objet

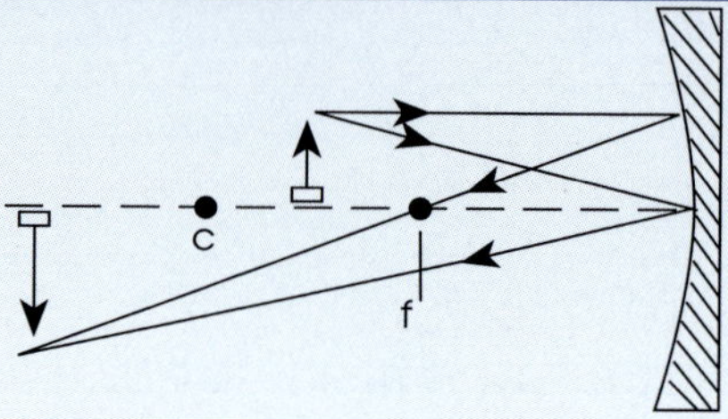

Le physicien hollandais Christian Huygens (qui créa une lentille de 22 cm de diamètre avec une distance focale d'au moins 68 mètres) effectua ensuite d'autres travaux importants en technologie optique, indispensables pour corriger l'aberration chromatique. Les lentilles présentaient toujours beaucoup de défauts, malgré les efforts des meilleurs opticiens de l'époque (malheureusement, il est encore aujourd'hui très difficile de préparer correctement les lentilles, ce qui explique le coût élevé de certains télescopes réfracteurs ou des jumelles).

En 1672, Isaac Newton a construit et présenté le premier télescope devant la Société Royale de Londres. À la place de l'objectif à lentilles de Galilée, il était composé de deux miroirs, un concave et l'autre plan. De dimensions modestes, 37 mm de diamètre et 160 mm de focale, il ne grossissait l'image que 38 fois.

Bien que les performances de ce télescope n'étaient pas de beaucoup supérieures à celles des instruments avec lentilles, il inaugurait une nouvelle conception qui conduira jusqu'aux télescopes plus grands et plus puissants que l'on connaît aujourd'hui. En effet, avec ce type d'optique réfléchissante, où la lumière ne traverse pas la lentille, et en faisant varier uniquement la courbure du miroir, on peut obtenir des images dépourvues des principaux défauts des lentilles et des déperditions de luminosité dues à l'absorption des instruments optiques.

Si l'objet est au point focal, l'image apparaît infiniment agrandie, à l'envers, réelle et du même côté que l'objet

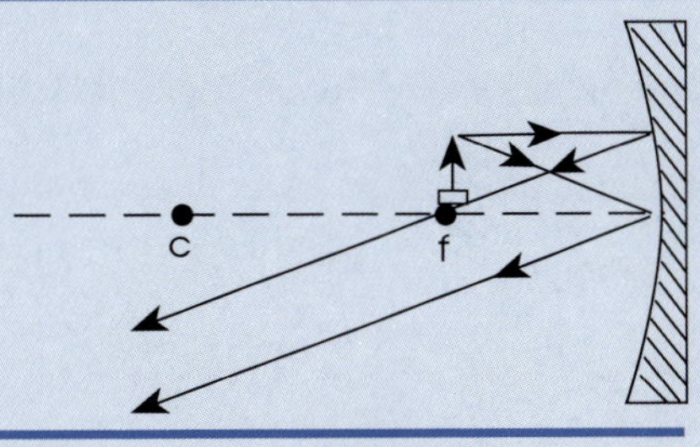

Quand l'objet est situé entre le centre du miroir et le point focal, l'image apparaît du même côté que l'objet, à l'endroit, virtuelle et agrandie

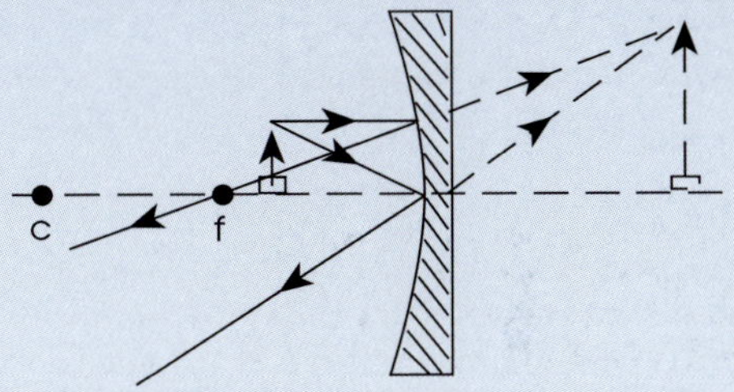

FORMATION DE L'IMAGE SUR LES MIROIRS CONVEXES

Si l'objet est situé entre le centre de courbure et l'infini, l'image apparaît à l'endroit, virtuelle, rapetissée et du même côté que l'objet

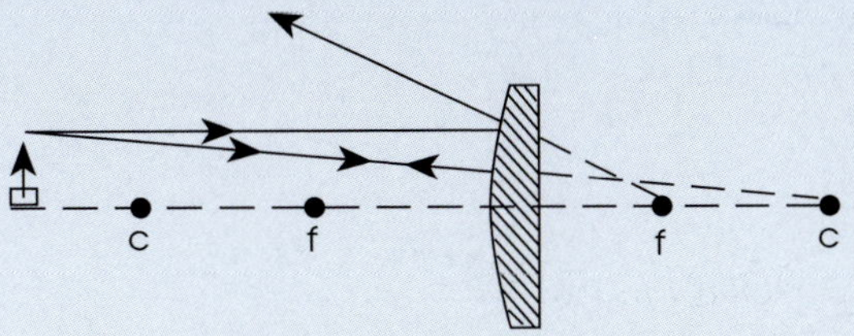

Si l'objet est à l'infini, l'image apparaît sur le point focal, rapetissée, à l'endroit et virtuelle

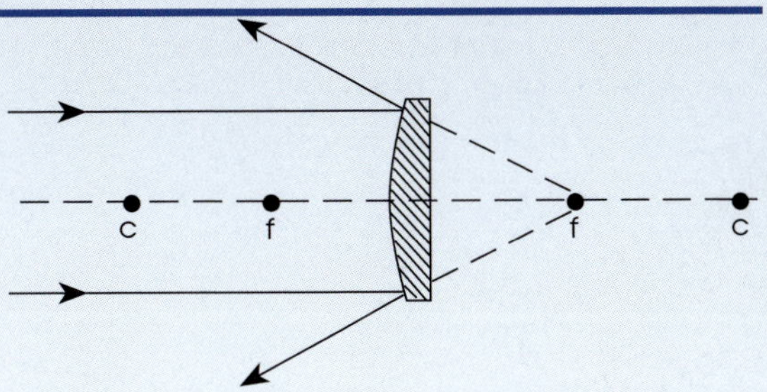

Les réfracteurs

Comme le premier télescope de Galilée, les réfracteurs sont composés d'une lentille principale, appelée objectif et constituée généralement d'un doublet achromatique et d'un groupe de lentilles amovibles, appelées oculaires.
Leur principe de fonctionnement est assez simple : l'objectif forme une image réelle, rapetissée et à l'envers ; l'image ainsi obtenue est grossie grâce à l'oculaire amovible, ce qui permet une très bonne vision de l'œil. Comme ce dernier est prédisposé, en position de repos, à la vision de loin, l'observateur fait coïncider inconsciemment le foyer de l'oculaire avec celui de l'objectif, obtenant ainsi une image à l'infini et agrandie.
Pour éviter des reflets désagréables dus au passage de lumière parasite qui pourrait compromettre l'image finale, il y a une série d'au moins trois diaphragmes à l'intérieur du tube, en dehors des parties optiques : ils sont constitués de disques fins et percés, bien alignés et correctement noircis.
Des lentilles bien préparées et des diaphragmes correctement placés donnent au réfracteur une pureté et une précision d'image impossibles à obtenir avec toute autre structure optique. C'est pour cette raison que ces appareils sont encore de nos jours très recherchés par les astronomes les plus exigeants. En effet, ceux qui veulent observer les planètes, les amas globulaires ou les étoiles doubles ne peuvent obtenir une image bien définie qu'en se servant de télescopes réfracteurs, notamment ceux à longue focale. En contrepartie, ces focales comportent de très longs tubes qui sont difficiles à transporter et leur prix est souvent peu abordable (à diamètre équivalent, les lentilles valent plus de deux fois plus cher que les miroirs).

Télescope réfracteur fabriqué soi-même

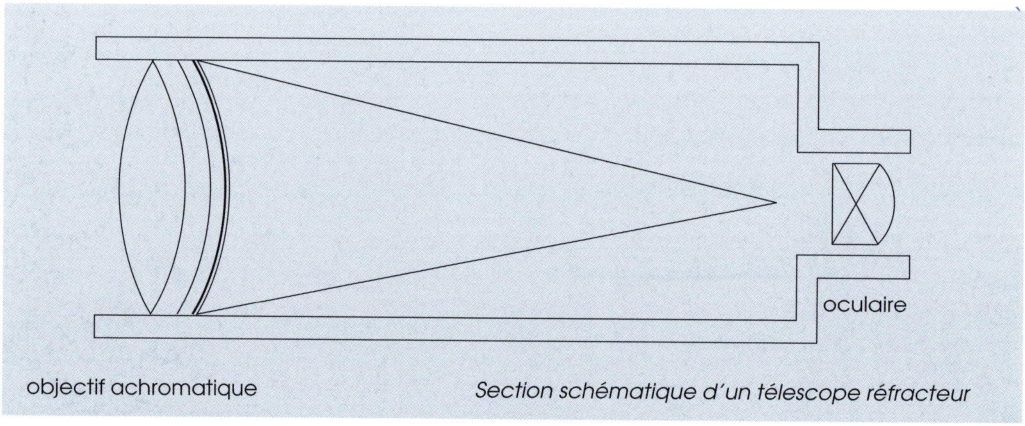

Section schématique d'un télescope réfracteur

Quoi qu'il en soit, on trouve dans le commerce un grand choix de modèles, parmi lesquels les petits télescopes avec un objectif de 60 mm de diamètre et des distances focales qui varient, selon les modèles, de 800 à 910 mm, ou encore de 80 mm de diamètre et 910 mm de focale. Il s'agit d'instruments abordables financièrement et qui sont conseillés à un débutant qui veut s'initier à l'astronomie mais qui ne sait pas encore si cela va lui plaire.
À un prix un peu plus élevé, mais présentant déjà de bonnes performances, on trouve les instruments de 90, 102 et 120 mm de diamètre, avec des distances focales d'environ 1 000 mm. Leurs performances peuvent être encore améliorées s'ils sont dotés de lentilles à la fluorite : il s'agit d'un traitement antireflet particulier des parties optiques, capable de masquer les principaux défauts provoqués par les rayons marginaux (la lumière qui ne provient pas de l'objet cadré).
Les télescopes réfracteurs dont l'objectif ont un diamètre supérieur à 90 mm, capable de recevoir de grandes quantités de rayons lumineux, peuvent être employés

TÉLESCOPES AU SERVICE DE L'ASTRONAUTIQUE

Pour avoir une idée de la perfection d'image que l'on obtient avec un réfracteur, il suffit de savoir que la NASA, quand elle a organisé les missions du programme Apollo, a demandé des cartes de la surface lunaire exécutées par le réfracteur de 60 cm de diamètre et de 18 mètres de focale situé dans l'observatoire du Pic du Midi, dans les Pyrénées, à 2 800 mètres d'altitude.

L'observatoire du Pic du Midi en hiver

dans l'observation de planètes, d'objets ponctuels dans l'espace interstellaire et en photographie astronomique.
Si un astronome amateur, après avoir acheté et utilisé un de ces instruments, décide d'effectuer un « bond de qualité » en se procurant un télescope plus grand, avec un système optique réfléchissant, il peut juger utile d'accoupler (par superposition) le réfracteur, soit pour obtenir des résultats optiques différents, soit pour permettre une utilisation en photographie astronomique.
Enfin, dans les magasins spécialisés en optique, on trouve facilement des instruments dont le diamètre va de 130 à 150 mm, avec des distances focales comprises entre 1 200 et 1 400 mm. Ces instruments sont difficilement accessibles en raison de leur taille (leur tube mesure 2 mètres environ) et de leur prix qui dépasse largement cinquante mille francs mais, du point de vue optique, ils constituent toujours le rêve de tout astronome amateur.

Les réflecteurs

Au XVIIe siècle, le physicien Isaac Newton a eu l'idée de remplacer l'objectif principal du télescope par un miroir sphérique, en matière ferreuse, rendu brillant après un traitement à l'arsenic. Ce traitement donnait toutefois des miroirs de mauvaise qualité. Ce n'est que plus tard que l'on a produit des miroirs en verres correctement polis grâce à des techniques particulières d'aluminage et d'argenture ou une application de tout autre matériau réfléchissant. Les propriétés optiques du miroir ainsi obtenu sont donc devenues semblables à celles d'une lentille normale, en se différenciant cependant de cette dernière par sa faculté à réfléchir les rayons lumineux dans leur totalité, sans produire aucun type d'aberration chromatique. Comme l'instrument optique ne doit pas être traversé par les rayons lumineux, sa construction est plus simple et demande des matériaux plus ordinaires. Comme le miroir est de forme parabolique, on peut éliminer entièrement l'aberration sphérique, y compris quand on adopte des distances focales plutôt courtes.

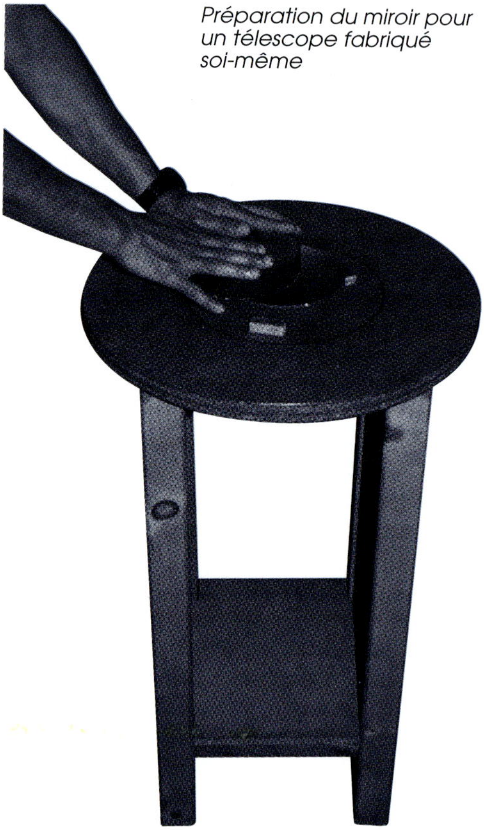

Préparation du miroir pour un télescope fabriqué soi-même

Ces différences par rapport aux réfracteurs ajoutées au fait de pouvoir construire un réflecteur en travaillant sur une seule surface, permettent de réaliser des instruments présentant un rapport prix/diamètre/performances très favorable : en effet, à diamètre égal, le prix d'un miroir parabolique est équivalent à 1/6e de celui d'un bon doublet achromatique.
Parmi la gamme de télescopes réflecteurs, les plus utilisés et les plus répandus sont les suivants :
– les télescopes de Newton ;
– les Schmidt-Cassegrain (ou catadioptriques) ;
– les chambres Schmidt.

Télescopes de Newton
Le schéma optique des télescopes de Newton est très simple : la lumière provenant de l'extérieur du tube frappe le miroir parabolique, dit primaire, qui la reflète sur un point appelé foyer. Juste avant ce point, se

trouve un petit miroir plan de forme elliptique et incliné de 45°, dit secondaire : généralement soutenu par trois barres métalliques, il reflète les rayons lumineux vers un trou latéral du tube, là où est placé l'oculaire amovible à travers lequel on observe l'image. Pour que cette dernière soit bien définie, il faut s'assurer que les miroirs primaire et secondaire soient parfaitement alignés. Si ce n'est pas le cas, on peut facilement y remédier en agissant sur les vis de soutien des deux miroirs jusqu'à ce que l'on obtienne une image parfaite (*cf.* encadré ci-dessous).

Section schématique d'un télescope de Newton

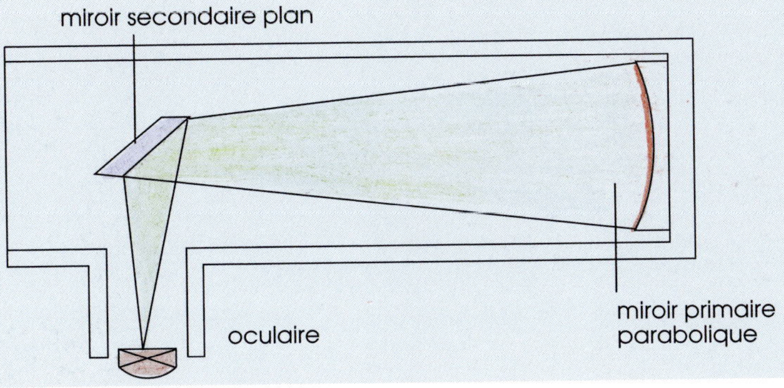

ALIGNEMENT DES OPTIQUES DANS LES TÉLESCOPES RÉFLECTEURS

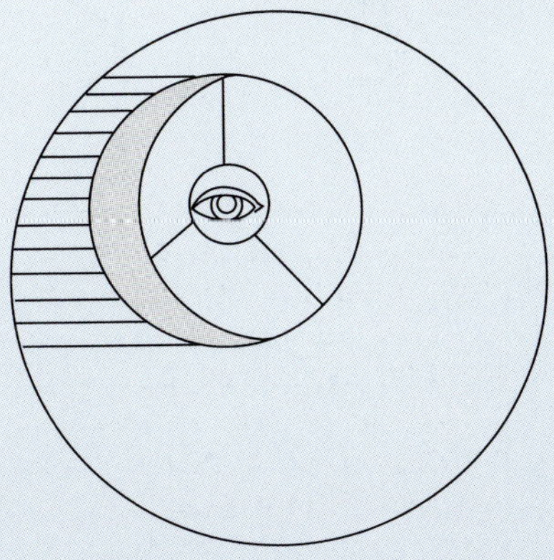

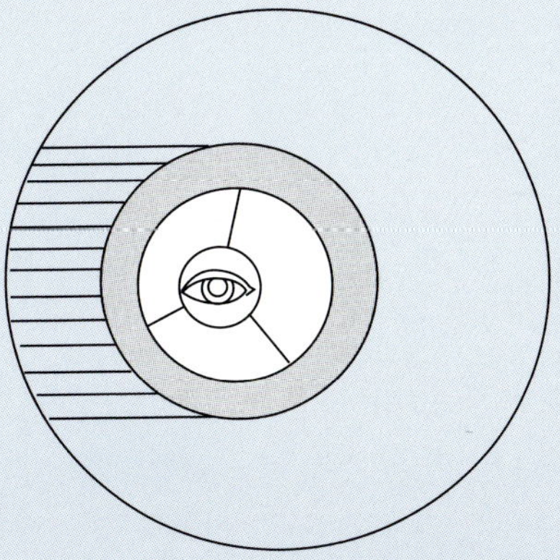

En agissant avec précaution sur les vis de soutien du miroir secondaire, reportez l'ombre comme sur la figure

Si l'image de l'œil de l'opérateur est décentrée quand on regarde dans l'œil de mise au point (sans oculaire) et que l'on observe un anneau d'ombre asymétrique, c'est que le défaut d'alignement concerne les deux miroirs

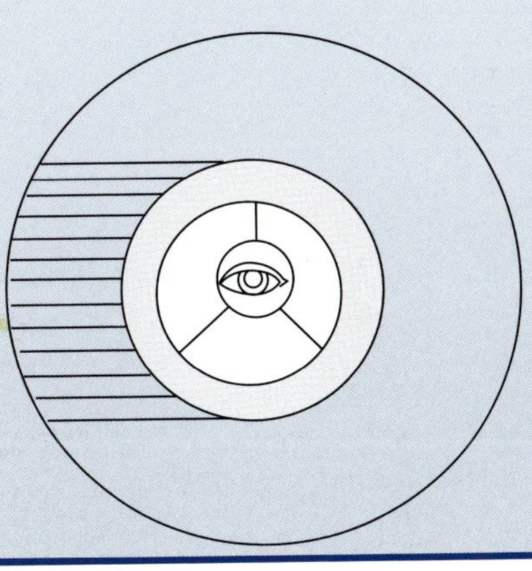

Enfin, en réglant les vis de soutien du miroir primaire, centrez l'ensemble de l'image

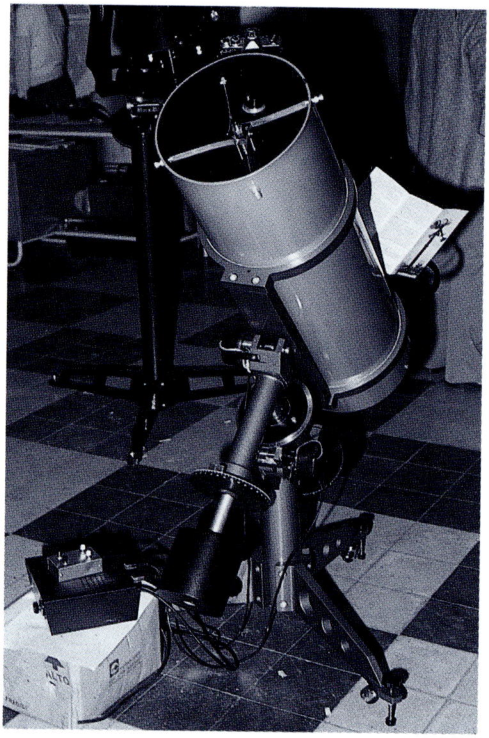

Instrument avec un schéma optique newtonien fabriqué soi-même

Grâce à sa simplicité et à son prix assez faible, le télescope à réflecteur est assez répandu parmi les astronomes amateurs, notamment chez les débutants. On peut en trouver différents modèles chez les revendeurs spécialisés avec des diamètres de miroir primaire allant de 114 à 250 mm. Les premiers ont une distance focale de 900 mm environ, avec des tubes optiques d'environ un mètre ; les seconds, en revanche, ont des focales de 1 400 mm environ et des tubes optiques d'au moins deux mètres. Après ce que l'on a vu jusqu'à présent, on se rend compte immédiatement qu'avec cette structure optique et en augmentant le diamètre du miroir primaire, on allonge la focale et par conséquent le tube, exactement comme cela se produit avec les réfracteurs.
La seule différence d'utilisation des télescopes à réflecteur concerne la « mauvaise » position de l'oculaire quand on vise un objet situé au zénith (la verticale de l'observateur). Par exemple, en utilisant un instrument de 50 cm de diamètre et une focale de 3 mètres environ, l'oculaire se trouve à environ 3,5 mètres de hauteur du sol quand on observe un objet en position zénithale. Des instruments de telles dimensions nécessitent donc une structure fixe (coupole ou toit ouvrant) et ne conviennent donc pas aux astronomes amateurs qui sont obligés, à cause surtout de la pollution lumineuse, de parcourir plusieurs kilomètres pour trouver un ciel obscur et net.

Télescopes Cassegrain et Schmidt-Cassegrain

Pour remédier à ce problème de taille, le français Cassegrain, toujours au XVIIe siècle, a inventé une structure optique beaucoup plus complexe que le télescope de Newton, facilitant ainsi la tâche de ceux qui doivent se déplacer avec leur instrument. Cette structure se compose d'un miroir primaire parabolique, percé au centre, et d'un petit miroir secondaire hyperbolique, situé indépendamment au centre du tube optique près du point focal. L'oculaire amovible est placé dans l'œil de mise au point, en face du trou percé dans le miroir primaire.

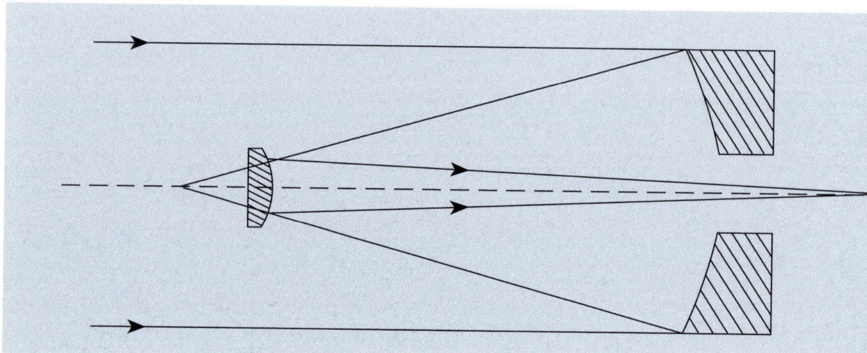

Dispositif de type Cassegrain

Comme les deux optiques pour télescopes de grandes dimensions étaient difficiles à travailler, on obtenait souvent des miroirs présentant une aberration sphérique intolérable. C'est alors qu'un technicien de l'observatoire de Hambourg, Bernhard Schmidt, a eu l'idée d'introduire une plaque correctrice dans la partie antérieure du tube. Cette plaque était constituée d'une lentille asphérique qui introduisait une aberration sphérique de signe opposé à celle du miroir primaire, annulant ainsi toute aberration.

Dans ce schéma optique, appelé plus précisément dispositif Schmidt-Cassegrain, la taille de l'instrument est beaucoup plus courte par rapport à sa focale : par exemple, dans le cas du précédent télescope de 50 cm de diamètre, la longueur totale du tube est égale à 1,5 mètre environ. Les dimensions réduites des instruments de ce type permettent de les transporter pratiquement où l'on veut ; en outre, comme le tube est entièrement fermé, l'aluminage (la couche réfléchissante des miroirs) est davantage protégé que dans les télescopes de Newton, où la poussière s'accumule sur les miroirs.

Les télescopes Schmidt-Cassegrain entièrement fermés présentent cependant un inconvénient : de la condensation se forme sur la plaque correctrice en raison des différences de vitesse dans les échanges thermiques entre l'extérieur et l'intérieur du tube optique. Ce défaut n'est pas négligeable puisqu'un dépôt de buée sur la plaque correctrice empêche toute observation. On peut toutefois éviter cet inconvénient en déplaçant l'air qui entoure la lentille correctrice, par exemple avec un petit ventilateur portatif ou, d'une façon plus « orthodoxe », en introduisant une résistance électrique de faible puissance à l'intérieur du tube optique.

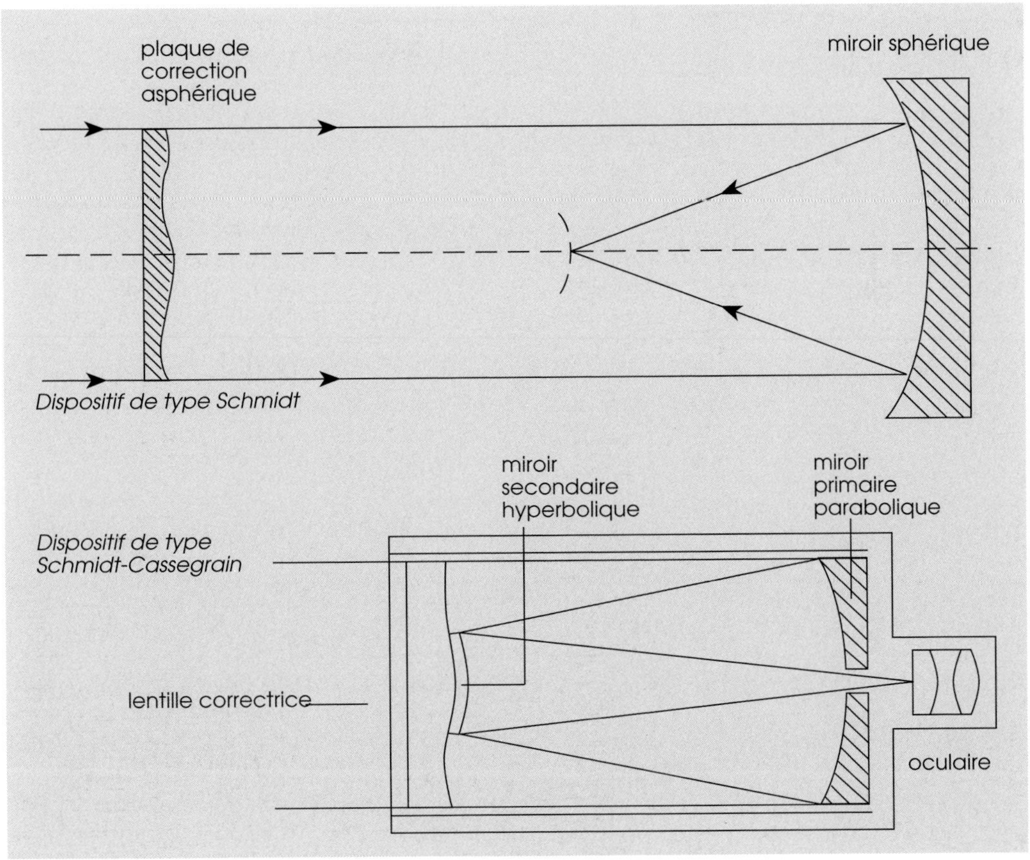

Chambres Schmidt

L'observateur qui fait de la photographie astronomique ne peut qu'être satisfait des structures optiques comme celles que l'on appelle « chambres Schmidt ». Le schéma optique de ces télescopes est sensiblement le même que celui des dispositifs Schmidt-Cassegrain et il ne s'en différencie que par quelques détails :

– il n'y a aucun trou dans le miroir primaire ;
– un porte-plaque photographique remplace le miroir secondaire.

Les chambres Schmidt couvrent des champs très étendus, donnant des images absolument dépourvues de tout défaut optique grâce à la présence de la plaque correctrice. Elles sont donc utilisées par les astronomes photographes les plus exigeants et sont les principaux instruments qui équipent les observatoires professionnels, comme la grande structure d'au moins 5 mètres de diamètre de l'observatoire du mont Palomar.

Il existe beaucoup d'autres schémas optiques réalisés pour les instruments réflecteurs : ils sont conçus pour corriger certaines imperfections ou bien pour être adaptés à des structures déjà en place dans des observatoires. Il est très difficile de trouver ces structures optiques dans les magasins d'instruments pour amateurs ou semi-professionnels, mais toutes celles que nous avons traitées jusqu'alors suffisent amplement aux besoins d'un astronome amateur. Pour parfaire vos connaissances, ces schémas optiques sont représentés ci-dessous à titre d'information.

TÉLESCOPES DESTINÉS EXCLUSIVEMENT AUX PRISES DE VUE PHOTOGRAPHIQUES

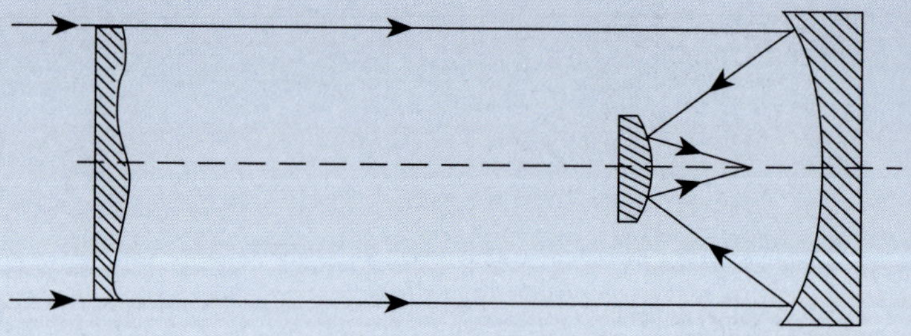

Configuration proposée par J. Baker

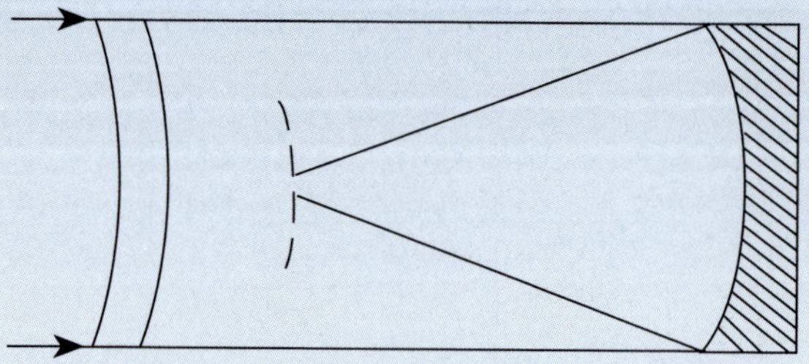

Configuration proposée par Maksutov

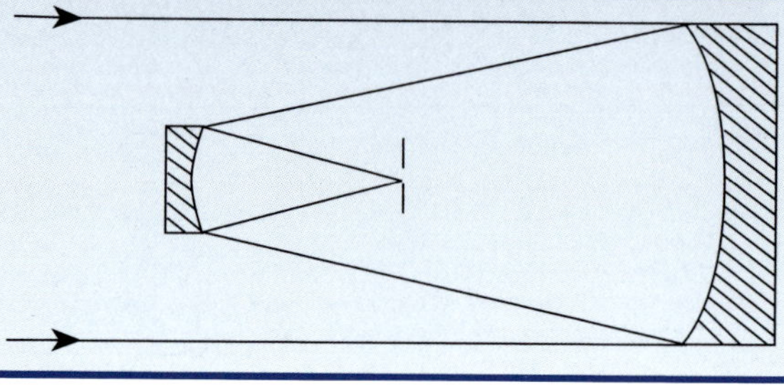

Configuration proposée par Couder

LA PARTIE MÉCANIQUE DES TÉLESCOPES

Comme nous l'avons vu dans le chapitre précédent, les structures optiques des différents instruments sont les principales responsables de la qualité d'une image. Toutefois, pour être bien utilisées, il faut que ces structures soient correctement soutenues et contrôlées avec la plus grande précision dans leurs déplacements. En effet, il est très difficile de réussir à effectuer des observations satisfaisantes si les jumelles ou le télescope ne repose pas sur une support solide. Ce dernier peut être un trépied, une colonne ou, si la structure est très haute, une base fixe.
La structure complète qui soutient le tube optique prend le nom de « monture » : elle est constituée d'éléments affectés au soutien physique de l'instrument et d'éléments mécaniques (parfois même électroniques) de précision, qui permettent le déplacement micrométrique de l'ensemble de la structure.
Attention : quand on choisit une monture, il faut penser que la partie mécanique ne va pas seulement supporter le poids des instruments optiques, mais aussi tout le matériel qu'un observateur peut acquérir progressivement (instrument secondaire, appareil photo, chambre Schmidt). Si nous insistons sur ce point, c'est que dans le commerce, pour contenir les prix, on trouve des montures complètement inadaptées. Si on se penche sur le rapport entre le prix des montures et celui des optiques, on s'aperçoit que des montures de très bonne qualité, capables de supporter des charges très élevées, coûtent le même prix ou sont même beaucoup plus chères que les parties optiques prises séparément.

TÉLESCOPES DESTINÉS AUSSI BIEN AUX PRISES DE VUE PHOTOGRAPHIQUES QU'AUX OBSERVATIONS DIRECTES

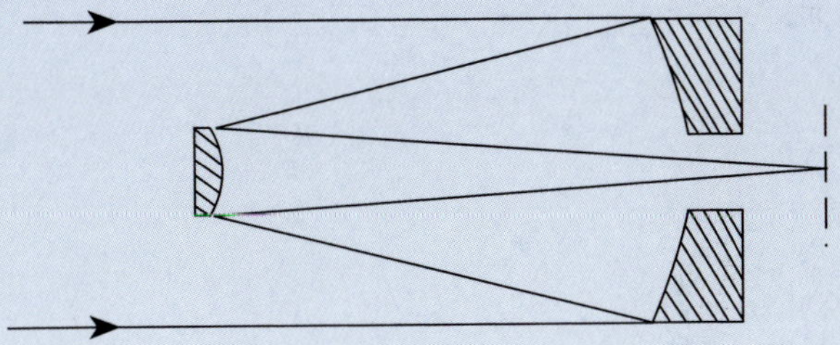

Configuration proposée par Chrétien

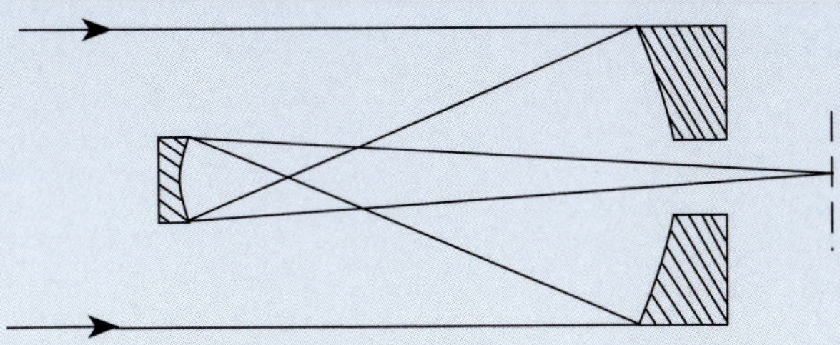

Configuration proposée par Gregory

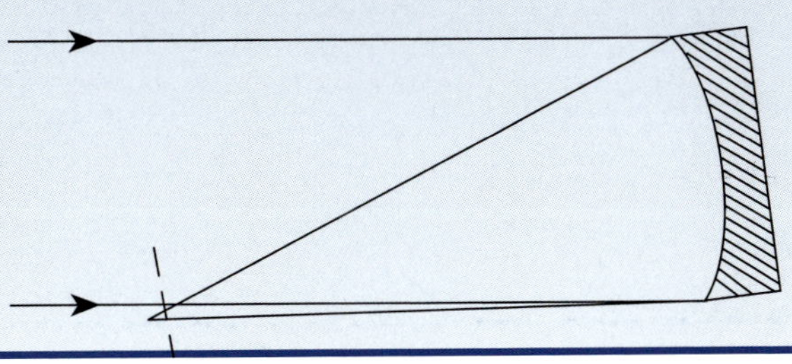

Configuration proposée par Herschel

C'est donc une grave erreur que de dépenser beaucoup d'argent pour l'optique sans se soucier des qualités de structure de la monture. Je vous conseille plutôt d'acheter des optiques de dimensions modestes (vous pourrez les remplacer plus tard) et à des prix raisonnables.
Dans le même temps, essayez de vous procurer des montures surdimensionnées et qui soient extrêmement précises du point de vue mécanique : quand vous aurez des instruments plus « puissants », vous obtiendrez ainsi des images d'une très bonne qualité.

Les montures peuvent être divisées en deux grandes catégories, caractérisées toutes les deux par deux axes autour desquels tourne la structure optique du télescope :
- montures altazimutales ;
- montures équatoriales.

Montures altazimutales

Elles sont dotées d'un axe vertical par rapport au sol autour duquel s'effectue le mouvement dans le sens horizontal, et d'un second axe, perpendiculaire au premier, qui permet le déplacement en hauteur. La combinaison de ces deux mouvements permet de diriger le télescope en direction de tous les points de l'horizon et de la voûte céleste.
Le seul inconvénient de ces montures, loin d'être négligeable en astronomie, est qu'aucun des deux mouvements, considérés séparément, ne correspond au trajet apparent des astres dans le ciel, sauf dans le cas où l'observateur pointe son instrument à proximité d'un des deux pôles célestes. En effet, la Terre tourne autour d'un axe hypothétique qui passe par les deux pôles et qui atteint, sur la voûte à l'infini, deux points désignés comme « pôles célestes ».

Plusieurs types de montures altazimutales (par exemple la deuxième en partant de la droite) et équatoriales (par exemple la première en partant de la droite)

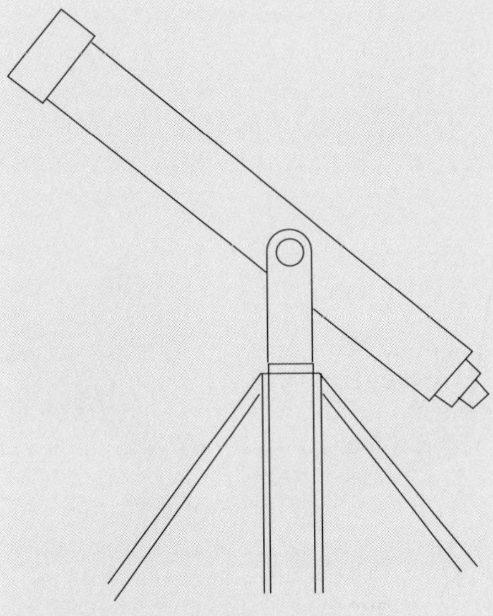

Schéma d'une des montures altazimutales les plus courantes

L'ensemble de la sphère de ce que l'on appelle les « étoiles fixes » paraît ainsi tourner autour de cet axe. Comme ce dernier a une inclinaison déterminée (23° 27'), on ne peut pas suivre un astre sur un seul axe en utilisant une optique installée sur une monture altazimutale. Il faut donc agir en même temps et à vitesse variable sur les deux mouvements.
Il s'agit d'une opération très difficile à réaliser pour les observations visuelles et pratiquement impossible en photographie astronomique.
En revanche, ces montures ne sont pas très chères et peuvent être utilisées pour des petites lunettes plus adaptées à l'usage terrestre qu'astronomique, même si la publicité dit parfois le contraire.
Grâce à l'introduction de l'électronique et à la baisse des prix continuelle des composantes, certains fabricants de télescopes proposent, pour des instruments aux dimensions assez élevées, des montures altazimutales équipées de systèmes informatisés capables d'effectuer en même temps les déplacement le long des deux axes : cela offre des images parfaitement nettes à l'intérieur du champ optique, y compris quand elles sont impressionnées sur la plaque photographique. Il y a encore quelques années des montures de ce type étaient réservées exclusivement aux instruments astronomiques professionnels, par exemple le télescope italien NTT de 3,6 mètres de diamètre de l'Observatoire Australe Européen situé au Chili.

Montures équatoriales

D'une structure beaucoup plus complexe que les montures altazimutales (qu'elles soient manuelles ou bien électriques), ces montures sont beaucoup plus pratiques et plus précises, même quand elles ne sont pas équipées de composantes électroniques.
Les montures équatoriales se déplacent également le long de deux axes :
- axe polaire ou horaire ;
- axe de déclinaison.

Le premier (qui correspond à l'axe vertical des montures altazimutales) est parallèle à l'axe de rotation terrestre et dirigé vers le pôle céleste de l'hémisphère à partir duquel se fait l'observation (et dont il tire son nom). L'angle qui se forme entre cet axe et l'horizon est équivalent à la latitude du site d'observation.
Le second axe est appelé « axe de déclinaison » parce que le déplacement du tube de l'instrument autour de cet axe s'effectue le long de la coordonnée de déclinaison terrestre.
Bien qu'il paraisse « étrange » à première vue, l'angle formé par ce type de monture permet, en un seul mouvement (celui de l'axe polaire), « d'annuler » la rotation terrestre grâce à des mécanismes de précision actionnés manuellement ou par des moteurs électriques. Ainsi, l'image de l'objet visé reste fixe à l'intérieur du champ visuel, même pendant plusieurs heures. Plus les mouvements sont précis, meilleures sont les images obtenues, surtout pour les poses photographiques.
Du point de vue de leur structure, les montures équatoriales peuvent être regroupées en nombreuses catégories, mais ce sont

surtout deux d'entre elles qui sont très répandues parmi les instruments de type amateur :
– montures « allemandes » ;
– montures en fourche.

Deux différents types de montures : équatoriale « allemande » (au premier plan) et en fourche (derrière)

Montures « allemandes »

Elles doivent leur nom à la nationalité des premiers astronomes qui les ont réalisées. Dans ce type de monture, le tube optique est situé à une extrémité de l'axe de déclinaison et contrebalancé, du côté opposé, par un contrepoids coulissant amovible. L'axe qui soutient la partie optique et le contrepoids tourne, à son tour, autour de l'axe polaire. Dans les montures les plus sophistiquées, l'axe est percé et contient une petite lunette, appelée polaire, qui facilite la mise en station de l'instrument. Grâce à sa grande souplesse de mouvement et à la possibilité qu'elle offre de viser

PRINCIPAUX TYPES DE MONTURES ÉQUATORIALES

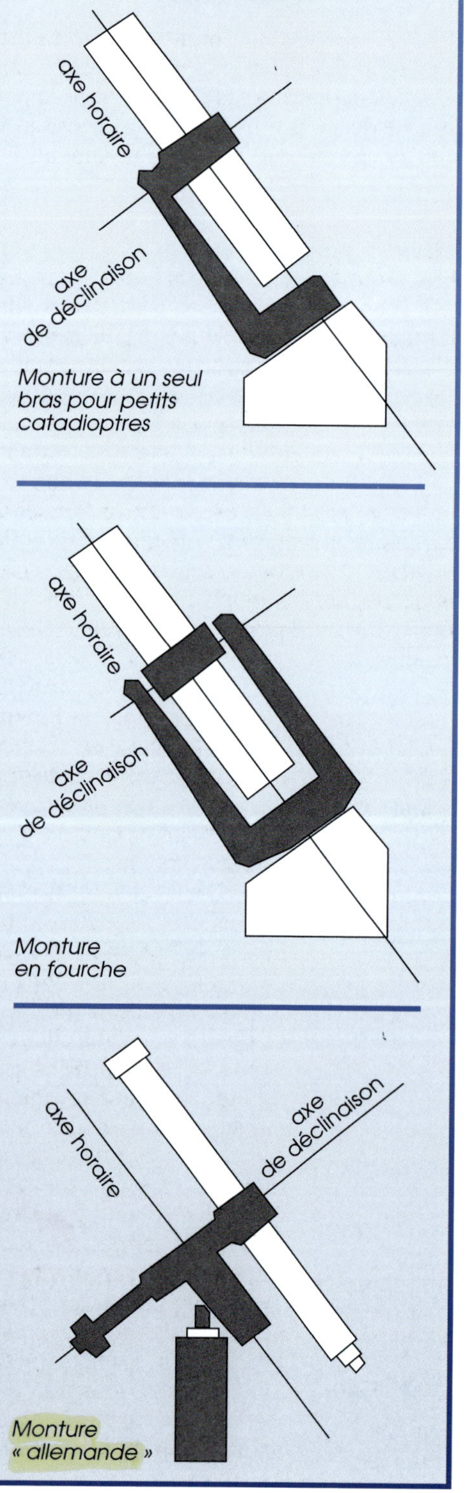

n'importe quelle portion du ciel, la monture « allemande » peut être utilisée avec tous les types de configurations optiques, même celles qui sont de grande dimension. En outre, indépendamment du diamètre du tube optique, c'est la seule monture qui peut être utilisée pour des instruments présentant des diamètres et des distances focales différents, à condition naturellement que sa structure puisse en supporter le poids. Un astronome amateur qui souhaite débuter son activité avec un télescope de petite dimension a intérêt à choisir une monture « allemande » aux caractéristiques appropriées : quand il voudra adapter son instrument à ses nouvelles exigences, il pourra se contenter de remplacer ou d'ajouter les parties optiques de son choix. Cette monture comporte toutefois deux inconvénients :

– le poids élevé de la monture en elle-même, auquel s'ajoute celui du contrepoids (qui dépend du type d'optique accouplée) ;

– la place excessive qu'elle prend : il faut souvent la démonter en plusieurs parties pour pouvoir la transporter.

Malgré ces inconvénients, les montures « allemandes » sont les seules qui autorisent tous les déplacements et qui offrent la possibilité de viser n'importe quelle portion de ciel avec différents types d'instruments.

Montures en fourche

Elles sont assez répandues parmi les réflecteurs aux diamètres moyen-grand et se différencient des précédentes par la présence d'un tube optique soutenu par une fourche reliée en deux points opposés, donnant ainsi l'axe de déclinaison. La fourche tourne à son tour autour de l'axe horaire parce qu'elle est fixée à un support que l'on incline selon la latitude où se trouve l'observateur. Aussi stables que les montures « allemandes », les montures en fourche prennent beaucoup moins de place et sont donc plus faciles à transporter. Les inconvénients qu'elles présentent sont les suivants :

– si l'on utilise des dispositifs Cassegrain, ou d'autres configurations semblables, on ne peut pas voir directement le pôle céleste et ses environs, sauf si on possède un prisme diagonal ;

– si l'on veut remplacer la partie optique, par exemple pour passer à un instrument plus grand, on est obligé de remplacer aussi la monture, ce qui revient plus cher ;

– enfin, on ne peut pas monter une lunette polaire en accessoire sur ces montures parce que le tube optique boucherait sa vision. Cet inconvénient gêne surtout les observateurs qui se déplacent fréquemment avec leur instrument puisqu'ils sont obligés de passer beaucoup de temps à placer correctement leur monture à chaque fois qu'ils changent de lieu d'observation.

Schéma d'un télescope catadioptrique sur une monture équatoriale en fourche, avec ses composantes

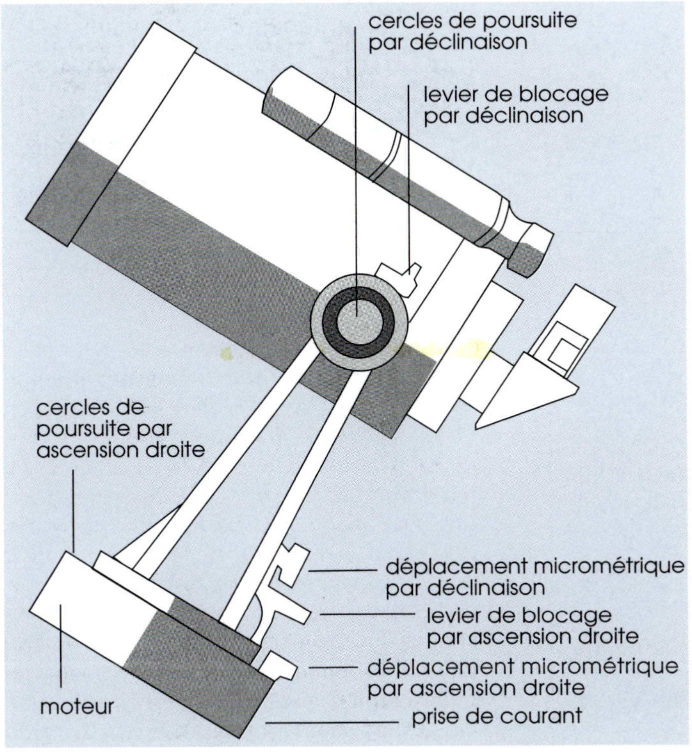

CONSEILS POUR LA MISE EN STATION ET L'UTILISATION DE L'INSTRUMENT D'OBSERVATION

- Pendant l'opération de montage de l'instrument, il faut éviter de trop serrer les vis et les boulons parce que des sauts de température inévitables pourraient rendre l'opération inverse difficile.

- Il faut placer l'instrument à plat par rapport au sol, en utilisant quand cela est possible un niveau à bulle. Il doit aussi être situé suffisamment en hauteur pour pouvoir observer dans des conditions confortables.

- Les montures équatoriales doivent être positionnées de façon que l'inclinaison de l'axe horaire corresponde à la latitude du lieu d'observation (c'est-à-dire qu'il soit parallèle à l'axe terrestre) et qu'il soit tourné vers le pôle céleste (étoile polaire) ; pour de telles opérations, les montures munies de lunette polaire sont particulièrement intéressantes. L'alignement doit être extrêmement précis si l'on veut effectuer des prises de vue photographiques.

- Il faut contrôler la perfection des alignements entre l'instrument principal, le chercheur et d'autres instruments éventuellement montés en parallèle ; cette opération simplifie la mise au point des objets que l'on va observer.

- Il faut éliminer toutes les sources lumineuses utilisées pour le montage de l'instrument (lampe de poche, phares automobiles, lampadaire extérieur) et attendre le temps nécessaire pour que l'œil s'adapte à la nouvelle condition d'obscurité. Après cela, pour consulter les cartes stellaires ou pour effectuer toute autre opération nécessitant un éclairage, il faut utiliser exclusivement des lumières filtrées, de préférence de couleur rouge.

- Il est conseillé, avant l'observation, d'attendre le temps nécessaire pour que les optiques s'adaptent à la température ambiante, afin d'obtenir le meilleur résultat possible.

- Il faut commencer l'observation d'objet céleste, quel qu'il soit, en utilisant le grossissement le plus faible et en essayant de « capturer » le plus grand nombre de détails possibles. On augmente ensuite progressivement le grossissement (en remplaçant les oculaires) jusqu'à ce que l'image soit moins bonne que celle qui la précédait. L'avant-dernière valeur de grossissement sera dans l'absolu la meilleure que l'instrument pourra produire, par rapport à l'objet visé et à la condition de seeing du moment.

COMMENT CHOISIR UN TÉLESCOPE

Il peut arriver que, après avoir observé à travers de bonnes jumelles un grand nombre d'objets « inconnus » et avoir ainsi satisfait votre curiosité du départ, vous ayez envie d'approfondir vos connaissances et décidiez pour cela d'acheter un télescope.
Il est conseillé, à ce sujet, d'étudier attentivement différents facteurs :
– le type d'objets célestes que vous voulez observer ;
– l'endroit d'où vous observez (si c'est un poste fixe ou différent à chaque fois) ;
– votre type d'observation prioritaire (visuelle, photographique, mixte).

Il est également nécessaire d'effectuer une série de réflexions sur l'aspect purement économique. En effet, le prix élevé de certains instruments doit vous conduire à effectuer une petite étude de marché pour vous rendre compte du rapport qualité-prix effectif entre des instruments aux caractéristiques similaires mais de marque (ou de vendeurs) différente. Vous pouvez aussi

envisager d'acheter l'optique et la monture séparément : vous renoncez peut-être à une économie immédiate mais ce sera peut-être intéressant au moment où vous changerez ou ajouterez seulement les optiques.
Comme nous l'avons dit à propos du site d'observation, il est indispensable de définir si celui-ci est fixe ou non. Dans le premier cas, l'instrument doit être choisi selon la portion de ciel observable, de ses conditions de *seeing* ainsi que de l'espace dont vous disposez.
Dans une ville, par exemple, le ciel est généralement très pollué et éclairé artificiellement, ce qui ne permet d'observer que des objets très lumineux comme le Soleil, la Lune et les planètes.
Dans ce cas, il faut vous orienter vers des instruments de moyenne grandeur, relativement encombrants et de préférence de type réfracteurs.
Si vous avez la chance de pouvoir disposer d'une maison en haute montagne, là où en principe il y a des conditions de ciel excellentes, vous pouvez envisager de réserver un espace pour installer un instrument de fort diamètre, réfracteur ou réflecteur, ou mieux encore un de chaque configuration optique, pour pouvoir observer agréablement tous les types d'objets célestes.
Dans le cas le plus fréquent, c'est-à-dire quand, pour diverses raisons, on ne dispose pas de lieu d'observation fixe, il est essentiel de choisir un instrument qui se transporte et se démonte facilement, pour faciliter les fréquents déplacements. La question de l'encombrement de la monture et des accessoires est d'une importance fondamentale.
Les observateurs « errants » préfèrent habituellement les instruments avec un dispositif Schmidt-Cassegrain et les réfracteurs de dimension modeste (avec monture équatoriale « allemande » ou en fourche), qui se démontent généralement en trois parties : trépied, plaque de soutien à l'inclinaison réglable et fourche (comprenant l'optique et les déplacements micrométriques).
Les temps de montage et de démontage de ces instruments tournent autour de 15 minutes et ils tiennent guère plus de place qu'une valise normale.

Si vous vous consacrez surtout à l'observation planétaire, vous n'avez pas spécialement besoin d'instruments capables de recueillir beaucoup de lumière, mais plutôt d'obtenir des images d'une définition élevée. Les réfracteurs, grâce à leurs qualités optiques élevées et à leurs bons rapports entre diamètre et foyer, sont certainement les plus indiqués pour ce type d'observations, même si leur coût est un peu élevé.
Au contraire, si vous voulez vous consacrer à l'observation d'objets dans l'espace interstellaire (ou *deep sky*) – par exemple des galaxies, des nébuleuses, des amas, etc. – vous devez recueillir la plus grande quantité de lumière possible, en utilisant des instruments au large diamètre comme les dispositifs Schmidt-Cassegrain dans le cas d'observations visuelles et les chambres Schmidt pour les observations photographiques.

L'INSTRUMENT IDÉAL POUR LE DÉBUTANT : LE TÉLESCOPE DOBSONIEN

Les télescopes dobsoniens sont constitués d'un dispositif optique de configuration newtonienne avec des rapports focaux particuliers. Ils disposent d'une monture très simple, non motorisée, construite avec des matériaux résistants mais très légers. En outre, le tube optique repose simplement sur la monture grâce à des joints généralement en Nylon ou en téflon.
Actuellement, on trouve dans le commerce des instruments ayant cette configuration avec un diamètre allant de 150 à 400 mm.
Ces télescopes comportent de nombreux avantages qui en font les « compagnons d'observation » des débutants :
– grande facilité de montage ;
– poids assez faible (un instrument de 400 mm de diamètre ne pèse en moyenne que 75 kg) ;
– prix absolument compétitifs dus au type de montage très simple.

DESCRIPTION DE CERTAINES CLASSES D'INSTRUMENTS ET LEUR UTILISATION

Les appréciations rapportées dans ce tableau se réfèrent à des instruments complets avec des montures adaptées aux configurations optiques considérées. Un bon conseil quand on achète un instrument, surtout s'il est d'occasion, consiste à effectuer une observation nocturne préalable, si possible avec des astronomes confirmés capables d'exprimer un jugement précis sur les caractéristiques de l'instrument en question. Toujours dans le cas d'un instrument d'occasion, il est conseillé de faire effectuer un contrôle sur un « banc optique » par un spécialiste, afin qu'il définisse ses paramètres optiques et les éventuels défauts de fabrication.

Type d'instrument et de diamètre	**Utilisation**	**Déplacement de l'instrument**	**Prix et remarques**
réfracteurs jusqu'à 80 mm	premières approches de l'astronomie pratique ; observation d'objets lumineux (Soleil, Lune, certaines planètes) ; chasseur d'image en photographie astronomique	facile	modéré
réfracteurs de 100 à 150 mm	très bons pour l'observation planétaire et pour les objets de l'espace interstellaire	difficile	très élevé
réfracteurs de plus de 150 mm	semi-professionnels ; pour les objets planétaires et du *deep sky*	très difficile (encombrement élevé)	prohibitif… (de plus ils ne sont pas dans le commerce)
réflecteurs avec schéma newtonien, jusqu'à 150 mm	idéals pour les débutants ; observation planétaire et de quelques objets de l'espace interstellaire	facile	accessible
réflecteurs de Newton de 200 à 250 mm	observation aussi bien planétaire que d'objets de faible luminosité ; photographie astronomique	difficile pour les modèles les plus grands	d'accessible à élevé
réflecteurs de Newton de plus de 250 mm	semi-professionnels ; performances élevées ; observation de l'espace interstellaire ; photographie astronomique	nécessite un emplacement fixe (encombrement élevé et charge lourde)	plutôt élevé (on trouve dans le commerce des instruments de série allant jusqu'à 300 mm ; au-dessus, il faut s'adresser à certains fabricants spécialisés)
réflecteurs Schmidt-Cassegrain jusqu'à 250 mm	observation aussi bien planétaire que d'objets de faible luminosité ; photographie astronomique (performance allant de modeste à élevée)	facile (et très pratique à utiliser)	d'accessible à élevé
réflecteurs Schmidt-Cassegrain de plus de 300 mm	semi-professionnels ; observation d'objets de faible luminosité	nécessite un emplacement fixe	d'élevé à très élevé (on trouve dans le commerce des instruments de série allant jusqu'à 400 mm ; au-dessus, il faut s'adresser à des fabricants spécialisés)

Les « compagnons » du télescope : oculaires, chercheurs et filtres

En l'absence d'oculaires, l'œil humain ne pourrait pas distinguer les détails de l'image produite par l'objectif.
Selon la distance focale et la focale de l'objectif de l'instrument, auquel ils doivent être accouplés, les oculaires produisent des grossissements différents selon la formule suivante :

$$\text{Grossissement} = \frac{\text{focale de l'objectif}}{\text{focale oculaire}}$$

Comme on peut le constater, quand la focale de l'oculaire diminue, le grossissement augmente. Cependant, le champ cadré se réduit inévitablement mais c'est surtout la quantité de lumière qui atteint l'œil qui diminue proportionnellement au diamètre des objectifs utilisés. La gamme d'oculaires destinée aux amateurs est très vaste et va de 40 mm, pour couvrir un champ large, au 4 mm minuscule mais très puissant.
Il faut toutefois rappeler que ces mesures se réfèrent exclusivement aux focales et que ce sont les seules informations qui sont fournies sur l'oculaire.
Ce chiffre indispensable est généralement précédé d'une lettre qui indique la structure optique de chaque oculaire. Le nom du fabricant est parfois ajouté.

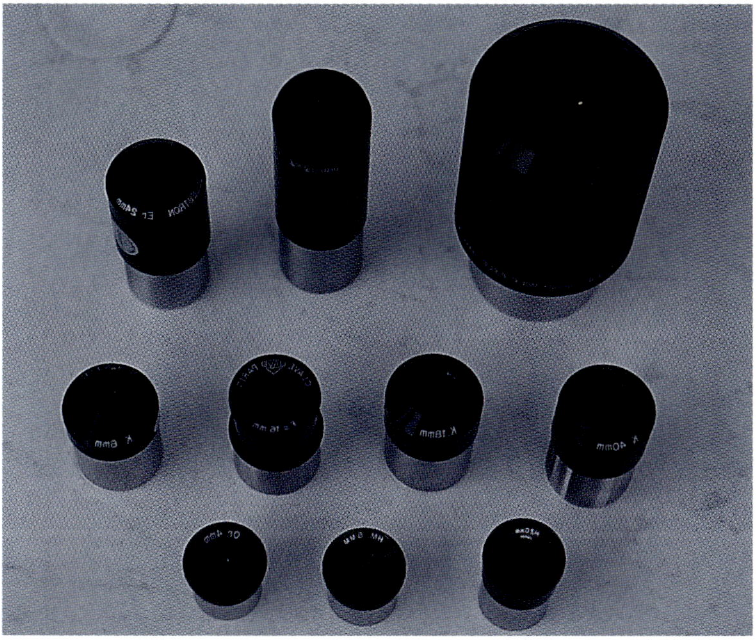

Un assortiment d'oculaires de différentes distances focales

LES PRINCIPAUX OCULAIRES DANS LE COMMERCE

Huygens (sigle **H**) : ils sont très répandus en raison de leur prix modéré qui s'explique par la simplicité de leur schéma optique ; il est conseillé de choisir ceux qui ont une focale supérieure à 15 mm.

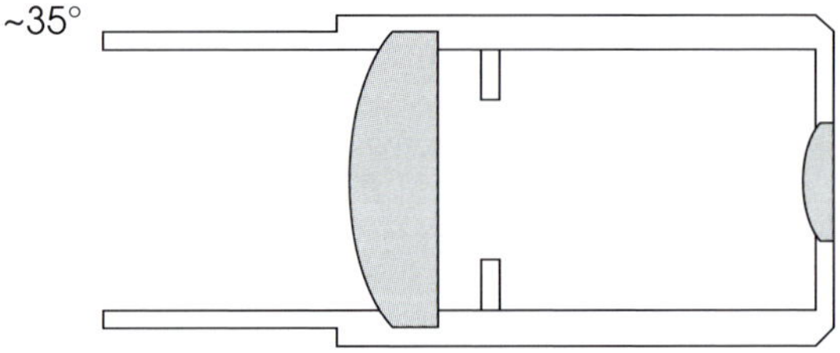

Kellner (sigle **K**) : ce sont les plus répandus en raison de leur rapport prix-performance avantageux. Les longues focales et les grands champs sont de bonne qualité mais présentent l'inconvénient de faire apparaître les particules étrangères sur la surface de la lentille interne de l'oculaire.

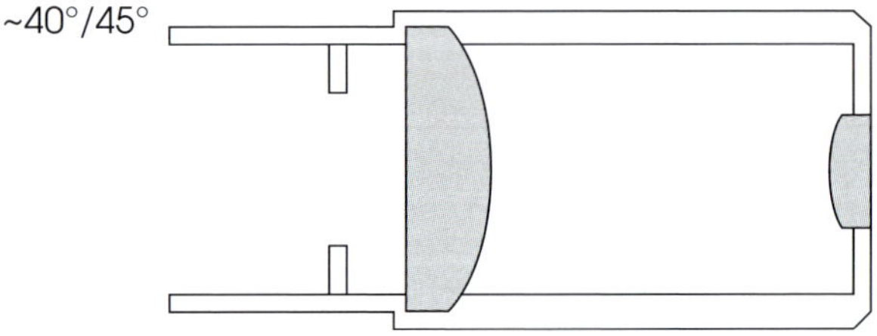

Orthoscopiques d'Abbe et de Plössl (sigle **OR**) : très complexes d'un point de vue optique, ils sont considérés comme les meilleurs, aussi bien en ce qui concerne le champ visuel qu'ils couvrent que pour la qualité des images produites. Parmi eux, les oculaires à focale courte (**OR6, OR4**) sont particulièrement recommandés, en n'oubliant pas que certains d'entre eux peuvent coûter très cher.

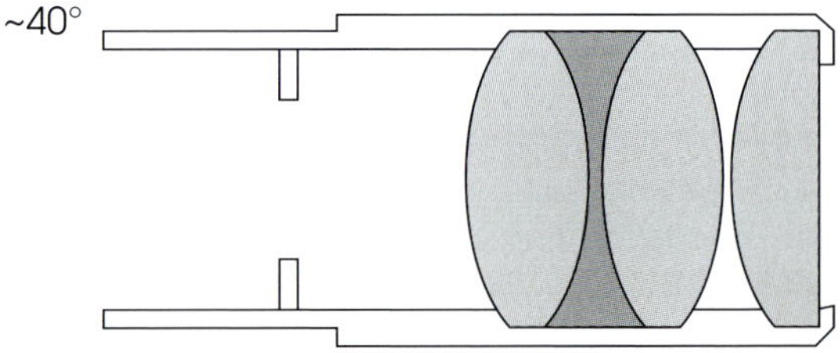

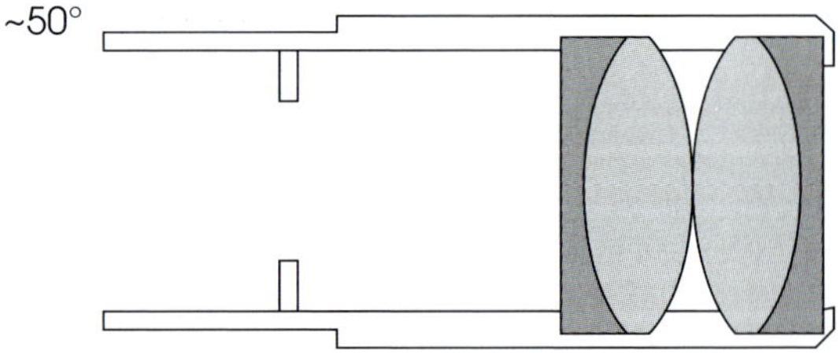

Erfle (sigle **ER**) : quand on veut obtenir des champs visuels de 65-70°, il faut choisir ce type d'oculaire. Leur complexité et leur perfection optique en font les meilleurs d'un point de vue technique. C'est la catégorie d'oculaires la moins répandue parmi les amateurs en raison de son prix élevé.

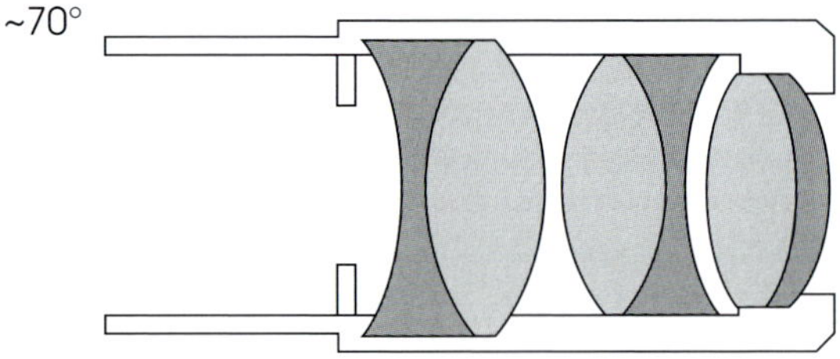

Les principaux fabricants d'oculaires représentés sur le marché sont : Meade, Celestron et TeleVue (japonais), ainsi que Baush & Lomb (américain). Il faut citer également la marque française Clavé qui n'est malheureusement plus en activité mais qui a laissé sur le marché de l'occasion des oculaires qui font partie des meilleurs du monde.

LA LENTILLE DE BARLOW

Introduite par le mathématicien anglais Peter Barlow, le système de lentilles qui prend son nom est placé devant l'oculaire pour allonger la focale de l'objectif et par conséquent augmenter son grossissement. En général, elle est constituée d'un doublet achromatique négatif, capable de diminuer la convergence du faisceau lumineux. Cette configuration optique peut doubler (2 x) ou tripler (3 x) le grossissement de l'oculaire utilisé, selon la formule suivante :

$$\text{Grossissement} = \frac{\text{focale de l'objectif} \times \text{nombre de grossissements Barlow}}{\text{focale oculaire}}$$

Actuellement, pour faire baisser les prix, on produit des lentilles de Barlow en n'utilisant qu'une seule lentille au lieu d'un doublet achromatique plan-concave. Le résultat de cette opération est une baisse de qualité de l'image comparativement aux avantages que procure son utilisation.
À ce propos, il faut rappeler que toutes les lentilles, ajoutées à celles des oculaires, diminuent considérablement la luminosité des objets observés. Il ne faut donc pas les utiliser avec des instruments de faible diamètre ni pour observer des objets de très faible luminosité comme ceux de l'espace interstellaire. Au contraire, si l'on observe des objets planétaires avec les chambres Schmidt, on peut utiliser la lentille de Barlow pour allonger la focale de l'instrument et pouvoir ainsi fixer des détails très fascinants que l'on ne pourrait pas capter autrement.

LES CHERCHEURS

La catégorie des chercheurs comprend des lunettes petites ou moyennes qui produisent généralement de faibles grossissements tout en couvrant des champs très vastes. Les chercheurs doivent être montés en parallèle sur l'instrument principal, ce qui permet à l'observateur de cadrer facilement l'objet recherché. L'oculaire est doté d'un réticule pour que l'opération soit rapide et précise.
En outre, les instruments les plus sophistiqués peuvent être équipés d'une source lumineuse, généralement rouge, qui éclaire faiblement le réticule pour qu'il soit visible même dans l'obscurité.
L'alignement du chercheur sur le télescope principal est une opération indispensable et assez simple à réaliser. Il suffit en effet de viser le sommet d'un objet fixe (poteau, clocher ou arbre) avec l'instrument principal, si possible en utilisant un oculaire qui produit plusieurs grossissements et qui soit doté d'un réticule. Ensuite, en agissant sur les vis de réglage de la monture qui soutient le chercheur, il faut viser ce même objet en l'amenant au centre du réticule. Quand on cherche l'astre que l'on veut observer, il faut régler les deux instruments en agissant sur les vis de réglage des déplacements micrométriques de la monture, jusqu'à ce qu'il soit au centre du réticule du chercheur : ainsi, il est également parfaitement cadré dans le champ visuel du télescope.
Les chercheurs qui s'adressent aux instruments amateurs sont généralement des petits 6 x 30 (6 représente le grossissement et 30 le diamètre de la lentille en millimètres).
D'autres chercheurs, d'un niveau nettement supérieur, se trouvent aujourd'hui facilement dans les magasins spécialisés : ce sont les 8 x 30, les 10 x 24, les 12 x 40 et les 12 x 60. Il faut aussi rappeler que les chercheurs qui présentent un grossissement élevé (10 ou 12) facilitent la recherche d'objets dont la luminosité est particulièrement faible. Leur utilisation est conseillée à tous ceux qui ont l'intention de se consacrer aux observations de l'espace interstellaire.
Je conseille aussi à ceux qui ont des instruments montés en parallèle de placer le chercheur directement sur l'instrument principal. En effet, s'il est posé sur l'instrument secondaire et que ce dernier perd son alignement, il faudrait multiplier par deux les opérations de collimation, qui sont déjà longues et fastidieuses.

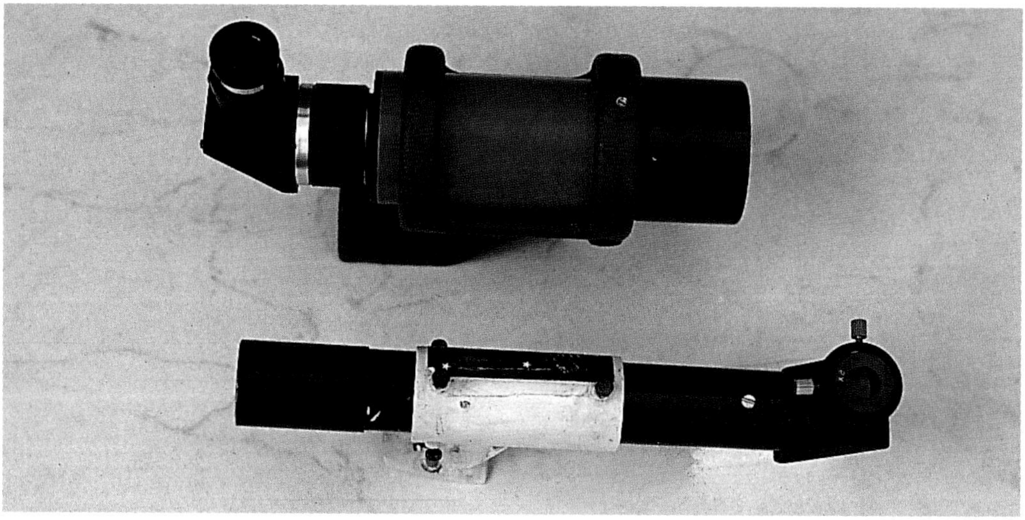

Deux modèles de chercheur avec un diamètre et des grossissements différents

Les prismes

Quand on veut observer des objets situés au zénith, surtout avec des instruments à foyer « postérieur » (comme les réfracteurs et les réflecteurs ayant une configuration optique de type Schmidt-Cassegrain), les prismes à réflexion totale, appelés également « diagonales stellaires », permettent d'éviter les positions de contorsionniste qui empêchent une observation attentive des détails les moins lumineux et provoquent des engourdissements de certaines parties du corps.
Les prismes sont généralement constitués de solides de verre traité spécialement à travers lesquels la lumière est réfractée, ou bien d'un miroir plan. Dans ce dernier cas, ils fournissent une image partiellement à l'endroit parce que seules les références droite-gauche restent à l'envers.
Il existe d'autres types de prismes qui sont appelés « redresseurs d'image » ou « de Porro », du nom de l'opticien italien qui les a adoptés en premier. Habituellement, ils ne sont pas utilisés en astronomie puisque l'on n'a pas besoin de redresser l'image, mais on les trouve à l'intérieur des jumelles (nous avons vu que les jumelles étaient surtout utilisées pour l'observation terrestre). Les observateurs du ciel débutants doivent tenir compte de cette particularité quand ils utilisent des instruments optiques.

LES FILTRES

Les filtres doivent être vissés au « barillet » de l'oculaire.
Leur prix modéré s'explique par leurs dimensions réduites.
Deux petits filtres sont généralement fournis avec les télescopes amateurs :
– un de couleur verte, pour l'observation de la Lune ;
– un de haute densité, pour l'observation du Soleil.

Quelques petits filtres généralement fournis avec l'instrument principal ainsi qu'un filtre solaire à protection totale

D'autres types de filtres, aux caractéristiques optiques particulières et aux couleurs variées, peuvent être utilisés pour l'observation, notamment photographique ou avec une chambre Schmidt, afin de mettre en évidence des détails et des nuances sur des objets planétaires ou de l'espace interstellaire. C'est le cas par exemple de certaines images de nébuleuses qui apparaissent très colorées mais qui ne peuvent pas s'observer sans filtres : en effet, ces derniers font ressortir des longueurs d'onde qui ne sont perceptibles ni par l'œil humain ni par les pellicules photographiques.

POUR OBSERVER CORRECTEMENT ET EN TOUTE SÉCURITÉ LE SOLEIL

Comme le filtre solaire est placé en face du point focal, il y a un grand risque de brûlure dû à la quantité élevée de radiation lumineuse concentrée : cela provoquerait un traumatisme irréversible sur la rétine de l'observateur. Pour éviter tout risque, il faut recourir à une des méthodes suivantes.

- Utiliser des filtres à écran total que l'on dispose devant et à l'extérieur du tube optique : cette solution est sans aucun doute la meilleure dans l'absolu du point de vue de la sécurité, même si c'est la plus coûteuse, surtout avec des instruments dont le diamètre est supérieur à 110 mm.

- Réduire le diamètre de l'ouverture du télescope en utilisant des caches adaptés, dans le cas où l'on utilise le filtre sur l'oculaire : cela diminue la charge d'irradiation et, par conséquent, la chaleur.

- Utiliser des écrans pour la projection du disque solaire. On les place parallèlement au faisceau optique qui provient de l'oculaire et on les fixe à la visée du télescope.

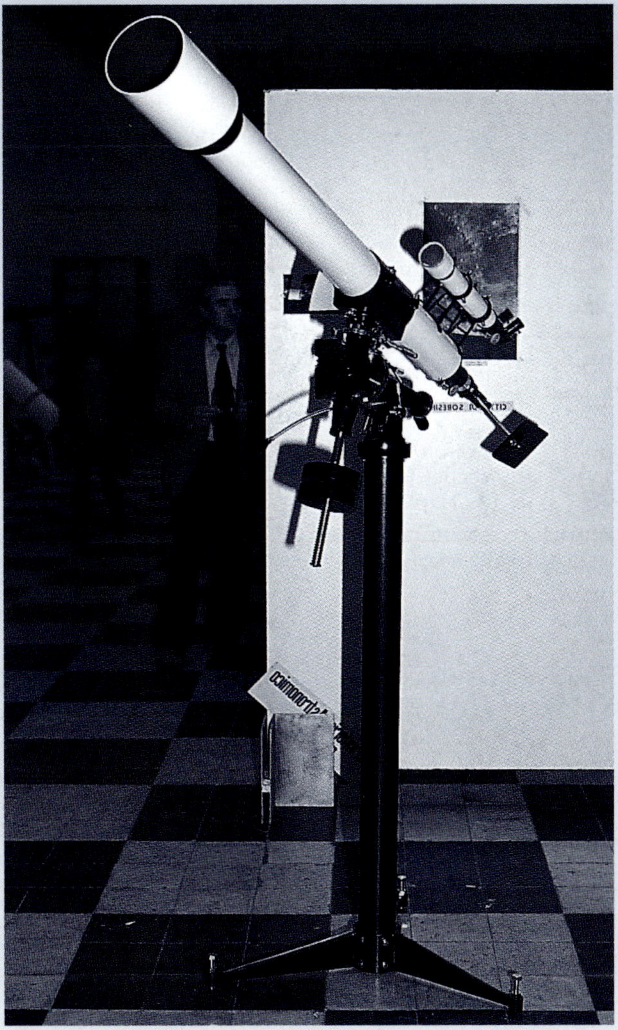

Télescope avec filtre pour la projection de l'image solaire

À LA RECHERCHE DES OBJETS CÉLESTES

Quelques notions de base

Nous allons aborder ici des notions qui seront utilisées dans les chapitres suivants. Si vous voulez approfondir certains aspects théoriques, vous pouvez vous référer au *Cours d'astronomie pratique*, à paraître aux Éditions De Vecchi.

DÉCLINAISON ET ASCENSION DROITE

Pour s'orienter dans le firmament, les astronomes utilisent un système appelé « coordonnées équatoriales », dont le plan fondamental est l'équateur céleste : il s'agit d'une projection sur la voûte céleste du plan équatorial de la Terre qui est donc perpendiculaire à l'axe terrestre et sépare la voûte céleste en deux hémisphères.
Dans ce système, la première coordonnée pour situer une étoile est la déclinaison (ou latitude céleste) : exprimée en degrés, il s'agit de sa distance par rapport à l'équateur céleste mesurée le long de l'arc de cercle qui passe par les deux pôles célestes et par l'étoile en question. La distance entre les deux pôles est égale à 180° et l'équateur céleste (la projection de l'équateur terrestre dans le ciel) est situé à 0°. On compte donc + 90° de l'équateur au pôle Nord céleste et – 90° de l'équateur au pôle Sud céleste.
La deuxième coordonnée, l'ascension droite, est la distance angulaire (exprimée en heures, minutes et secondes) entre le point d'intersection du cercle déjà cité et ce que l'on appelle le « point γ » ou « premier point du Bélier ». Ce point correspond à son tour à une des deux intersections de l'équateur céleste avec l'écliptique (le parcours annuel apparent du Soleil sur la voûte céleste : en réalité c'est l'orbite terrestre qui tourne autour du Soleil), le jour de l'Équinoxe de printemps.

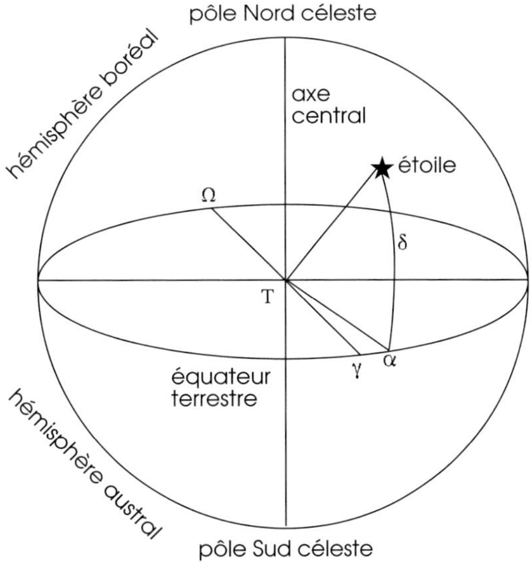

Position d'une étoile selon ses coordonnées équatoriales : α = ascension droite = distance exprimée en heures dans le sens contraire des aiguilles d'une montre, à partir de γ ;
δ = déclinaison = distance exprimée en degrés à partir de l'équateur céleste

LA MESURE DES DISTANCES

Par convention, l'unité de mesure utilisée en astronomie pour calculer les distances entre deux objets ou pour mesurer le diamètre apparent des objets les plus grands est le degré (symbole °).
Par exemple, le diamètre apparent de la pleine Lune est égale à un demi-degré.
Pour les objets moins grands (amas, nébuleuses et galaxies), on utilise les fractions décimales du degré, les minutes (symbole ′) et les secondes (symbole ″). Il faut 60′ pour avoir un degré et 60″ pour avoir une minute.

MAGNITUDE

La magnitude d'un objet est sa luminosité apparente, mesurée sur la base d'une échelle dont les valeurs sont séparées par un facteur 2,5119. Avec cette unité de mesure, plus la valeur est faible plus la brillance est grande (par exemple un objet de magnitude 1 est plus brillant qu'un autre de magnitude 2). Pour mesurer la différence de magnitude entre deux objets, on utilise la formule suivante : 2,5119 élevé à une puissance qui correspond à la différence de luminosité entre deux objets (donc un écart de 5 magnitudes donne un facteur égal à 100). La limite visuelle de l'œil humain va de la magnitude 6 aux magnitudes négatives. Rappelons que Sirius, l'étoile la plus lumineuse du firmament, a une magnitude de – 1,46 et que le Soleil a une magnitude de – 26,8.
Comme l'intensité d'une source lumineuse dépend de la distance à laquelle elle se trouve, les astronomes ont introduit la magnitude absolue pour pouvoir comparer des luminosités absolues : il s'agit de la magnitude qu'aurait un objet placé à une distance « standard » de 32,6 années-lumière. Dans ce cas, le Soleil a une magnitude absolue de 4,87.

SEEING

Ce terme anglais est utilisé pour décrire la condition du ciel, c'est-à-dire sa limpidité. La visibilité peut subir des altérations à cause des nuages, du vent, du brouillard, de la brume, de l'humidité, de la pollution lumineuse et atmosphérique. Les différents niveaux de visibilité donnent différentes valeurs de *seeing*, selon une échelle qui va de I à V :

I (très bon *seeing*)	l'image est tellement immobile qu'elle ne peut absolument pas gêner l'observation
II (bon *seeing*)	l'image perd de sa définition pendant des périodes très courtes
III (*seeing* moyen)	l'image reste troublée pendant de longues périodes
IV (mauvais *seeing*)	les détails observables sont profondément flous à cause de remous
V (très mauvais *seeing*)	l'image n'offre aucun détail

L'objet céleste qui influence l'observation des autres objets et ceux de l'espace interstellaire est la Lune, surtout pendant la période située autour de la pleine Lune, en raison de sa forte luminosité. Un vent fort gêne l'observation planétaire puisque les planètes sont des objets très grands dans le champ du télescope et qu'il faut une « atmosphère immobile » pour saisir parfaitement l'ensemble de leurs détails. Toutefois, un vent fort « nettoie » l'atmosphère et permet de mieux observer des objets très lointains et de petite dimension, comme les amas et les galaxies : ils ont une luminosité si faible et sont si petits qu'ils ne subissent pas les effets négatifs des « remous » de l'atmosphère provoqués par l'action du vent.

FICHES D'OBSERVATION

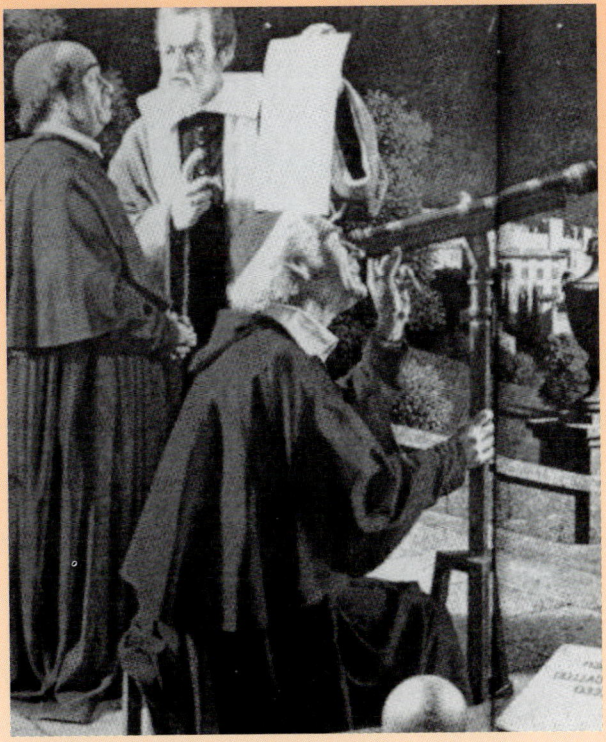
Galileo Galilée, un des fondateurs de l'astronomie scientifique avec le télescope

On peut aborder l'astronomie à différents niveaux. Il existe des passionnés qui se contentent d'observer le spectacle céleste, tandis que d'autres entreprennent d'étudier les phénomènes célestes d'une façon plus scientifique. Il existe des associations qui fournissent un support à ceux qui veulent mettre leur travail à la disposition de la « communauté scientifique ». Ce sont des fiches sur lesquelles on peut annoter toutes ses observations et qui sont ensuite transmises à une de ces associations qui les classe en différentes sections : Soleil, planètes, comètes, occultations, météores, astéroïdes, étoiles variables, supernovae, espace interstellaire, etc.

Les fiches d'observation sont différentes selon les sections parce que chaque objet a ses particularités propres.

Toutefois, une fiche type est composée d'une fenêtre dans laquelle on dessine dans le détail l'objet observé. Ensuite, pour chaque observation, on remplit les rubriques qui correspondent :

– au jour, au mois et à l'année de l'observation ;
– à l'heure de début et de fin exprimée en temps universel (TU), c'est-à-dire l'heure enregistrée au moment de l'observation le long du méridien de Greenwich sans tenir compte de l'heure d'été ;
– au lieu d'observation :
– à l'instrument utilisé (avec des précisions sur le rapport focal et l'ouverture) ;
– au grossissement et à l'oculaire utilisé ;
– au *seeing* moyen.

Le Soleil, la Lune et les éclipses

SOLEIL

Origine

Notre Soleil est une étoile dite de la « deuxième génération », c'est-à-dire un astre qui est né d'un grand nuage gazeux dont les composantes s'étaient formées à partir de la matière expulsée lors de l'explosion d'autres étoiles (de la « première génération »).
Dans ce nuage, les particules ont commencé à s'agréger, entraînant une augmentation générale de la température. L'augmentation de température, à son tour, a permis une nouvelle agglutination de matière. Sous l'action de sa force de gravité, un noyau de matière plus grand s'est rassemblé dans la partie centrale du nuage. Grâce à sa température élevée (autour de 15 millions de degrés), ce noyau a transformé l'hydrogène, qui était la composante principale du nuage, en hélium (ce que l'on appelle la « fusion nucléaire »). La matière qui ne s'était pas accumulée dans la partie centrale du nuage a donné naissance à ce qui allait devenir les planètes et les satellites.
Les particules émises par notre étoile (le vent solaire), après les réactions nucléaires qui se déroulaient à l'intérieur, ont commencé à emporter les résidus de matière présents autour des futures planètes, donnant ainsi à notre système solaire la configuration qu'on lui connaît aujourd'hui.

CARTE D'IDENTITÉ

- **Distance moyenne de la Terre :** 149 597 000 km (1 unité astronomique – UA) minimum (périhélie) : 147 100 000 km maximum (aphélie) : 152 100 000 km
- **Distance du centre de la galaxie (Voie lactée) :** 25 000 années-lumière
- **Période de révolution autour de la galaxie :** 225 000 000 ans (1 année cosmique)
- **Diamètre apparent (de la Terre) :** maximum 32′35″, moyen 32′01″, minimum 31′
- **Diamètre équatorial :** 1 392 000 km
- **Magnitude apparente moyenne :** – 26,8 (600 000 fois environ plus lumineuse que la pleine Lune)

Comment l'observer

Le Soleil est l'objet astronomique le plus simple à trouver, mais aussi le plus « dangereux » : en effet, sa lumière éblouissante peut provoquer des brûlures irrémé-

diables sur l'appareil visuel. Ainsi, avant de se lancer dans son observation, il faut prendre des précautions très précises pour éviter tout risque.
Il faut avant tout rechercher le Soleil en utilisant l'ombre projetée par le télescope sur le sol. On ne doit jamais viser l'astre directement avec le chercheur du télescope, sauf s'il est muni des écrans adaptés.
Une fois que le Soleil est visé, on peut l'observer de deux façons différentes : visuelle ou par projection.
La première méthode consiste à observer le Soleil directement à travers les instruments optiques : il faut cependant utiliser un filtre foncé adapté que l'on place devant la lentille s'il s'agit d'un télescope réfracteur ou devant l'ouverture s'il s'agit d'un télescope de Newton (à miroir). S'il s'agit d'un télescope Schmidt-Cassegrain, on place le filtre devant la plaque protectrice.
On visse les deux filtres sur les objectifs si l'on veut scruter le Soleil avec des jumelles. De même, un filtre adapté doit être placé devant la lentille du chercheur.
L'observation par projection consiste en revanche à placer un écran en carton sur lequel on fait converger l'image du Soleil. Cet écran (qui peut être fixé avec un support sur le tube du télescope pour faciliter le travail de l'observateur) est placé à 15 centimètres environ de l'oculaire. C'est sur ce point que l'image peut être observée avec la meilleure définition possible et c'est pour cela qu'on l'appelle le « point de mise au point ».
Les éléments qui rendent l'observation de notre « astre du jour » vraiment spectaculaire sont les taches solaires. Observées en

Taches solaires photographiées sur la surface du Soleil

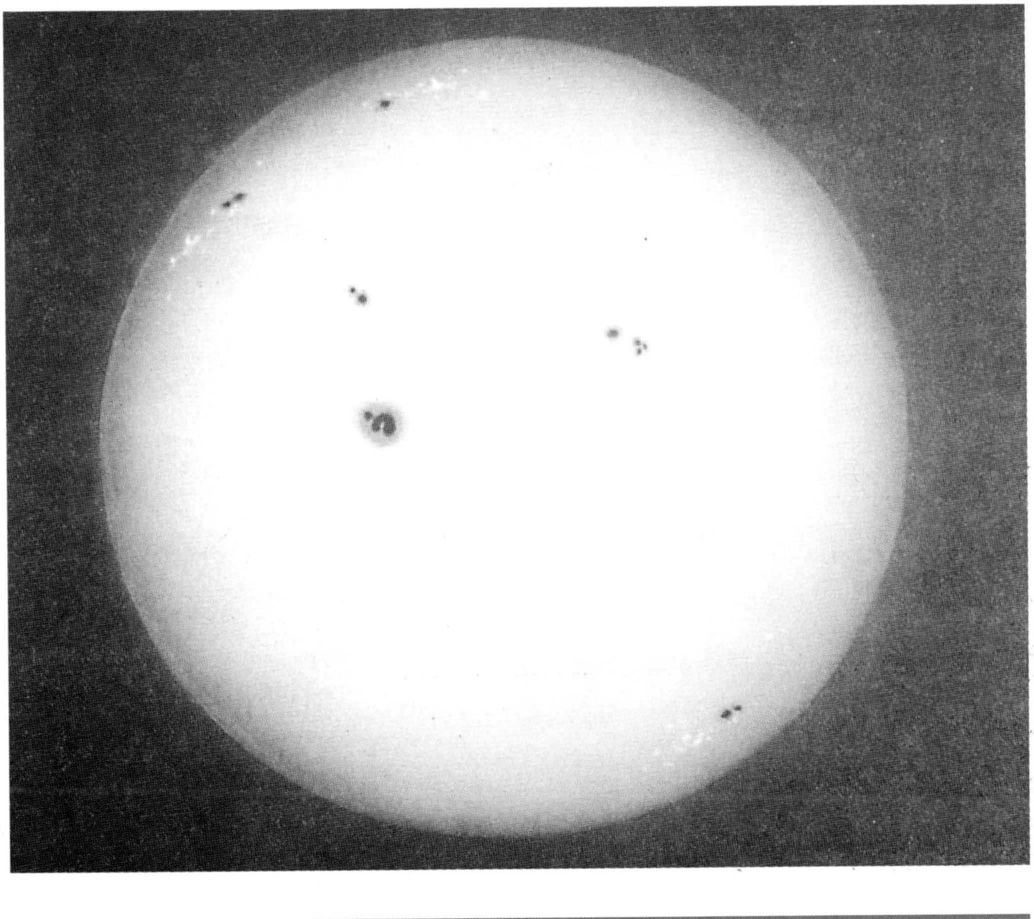

premier par Galilée avec son télescope, ce sont des zones de la surface solaire où, à cause des altérations du champ magnétique de l'étoile, la température passe de 6 000 à 2 000 °C environ : ces zones apparaissent plus foncées que celles qui les entourent.
Une observation prolongée dans le temps permet également de voir le déplacement lent mais progressif des taches sur la surface solaire (elles sont souvent disposées en groupe), ce qui met en évidence le mouvement de rotation du Soleil. Un observateur peut aussi remarquer la zone de la « pénombre » des taches, c'est-à-dire le bord de la tache, d'une couleur plus claire (la température est plus élevée qu'au centre de la tache) et qui tend vers la lumière blanche.
En liaison avec les groupes de taches, on peut aussi voir des facules, des zones très actives et lumineuses. Les facules sont des nuages incandescents de gaz présents dans l'atmosphère solaire, que l'on connaît aussi sous le nom de protubérances. Elles sont surtout visibles près du bord de la surface solaire, là où la lumière émise est moins forte que dans les zones centrales.
Enfin, un autre phénomène extrêmement spectaculaire lié à l'observation solaire est celui des éclipses, dont nous parlerons plus loin.

Surface du Soleil et protubérance

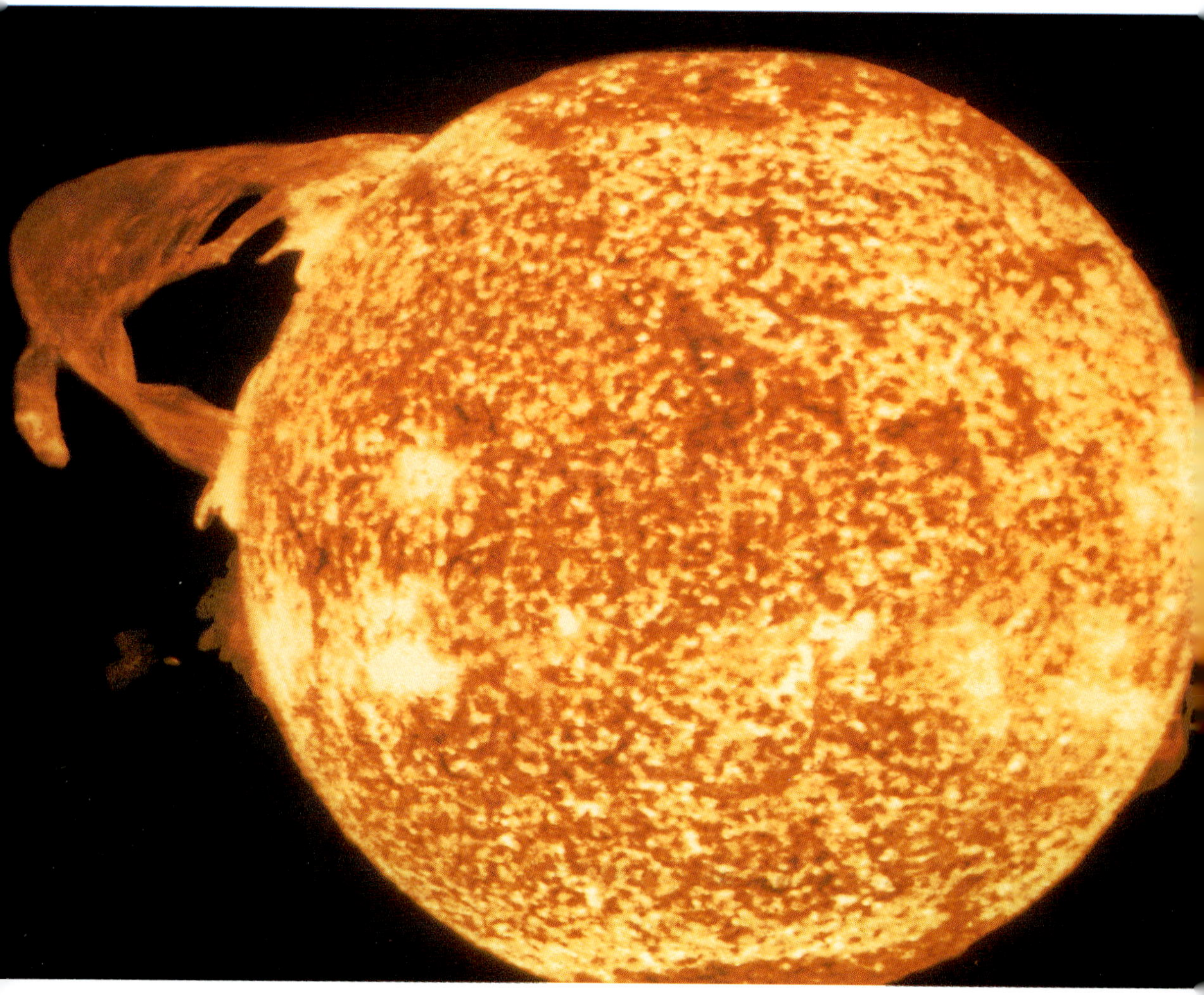

Origine

Il existe deux théories pour expliquer la formation de notre satellite naturel.
Selon la première, la Lune et la Terre se seraient formées dans deux zones distinctes de la nébuleuse d'origine qui a donné naissance à tous les corps du système solaire. C'est cette même nébuleuse, née du regroupement de la matière résiduelle en rotation autour du Soleil, qui s'était agrégée pour donner les « ancêtres » des planètes actuelles et de leurs satellites.

CARTE D'IDENTITÉ

- **Distance moyenne de la Terre :** 384 400 km
  minimum (périgée) : 356 410 km
  maximum (apogée) : 406 697 km
- **Période de rotation et de révolution autour de la Terre :** 27,321 661 jours
- **Diamètre apparent (de la Terre) :** maximum 33'31", moyen 31'5", minimum 29'2"
- **Diamètre équatorial :** 3 475,6 km
- **Magnitude apparente à la pleine Lune :** – 12,7

Image de la surface lunaire

La deuxième théorie soutient au contraire que la Lune s'est formée à partir de la matière de notre planète et qu'elle s'en est détachée quand elle était encore au stade semi-fluide, donc avant que ne se forme la croûte terrestre. Les collisions qui sont survenues entre les nombreux corps à l'origine des planètes qui peuplaient le « protosystème solaire » avec leurs orbites désordonnées ont détaché de la Terre des quantités considérables de matière qui se seraient ensuite agrégées pour former la Lune.

Comment l'observer

Notre satellite naturel est le premier objet auquel se mesurent les observateurs : rien qu'avec des jumelles ou un petit télescope, il est déjà vraiment spectaculaire. On peut en effet observer beaucoup de détails du paysage lunaire. De plus, l'étude de la Lune présente une particularité : sa portion visible change chaque nuit, avec l'évolution du mois lunaire.

Comme la rotation de la Lune sur elle-même et autour de la Terre coïncident, elle offre toujours la même face mois après mois.

Le point de la surface lunaire qu'il faut surveiller particulièrement est le « terminateur », c'est-à-dire la ligne de séparation entre la partie éclairée et la partie obscure. Dans cette zone, il y a davantage de détails visibles grâce aux longues ombres créées par la lumière solaire.
Ceux qui veulent pointer leur télescope vers notre satellite naturel peuvent délimiter, en utilisant bien les oculaires, la portion de

Phase de la Lune

Lune à observer. Il leur suffit en effet de décider s'ils préfèrent obtenir une vision d'ensemble ou au contraire aller à la recherche de détails qu'il faut beaucoup grossir même si, obligatoirement, cela diminue le champ visuel. Le grossissement maximal qui permet de voir l'ensemble du disque lunaire est de 90 environ. Quand on se rapproche de la pleine Lune ou au cours des jours qui suivent, il est conseillé, avec de faibles grossissements (et donc des oculaires avec une ouverture de 12 mm et plus), d'utiliser un filtre lunaire de couleur verdâtre que l'on applique sur l'oculaire : la grande luminosité de la Lune n'est pas altérée par cet écran qui évite des éblouissements gênants. Toujours à cause de la forte luminosité de notre satellite, on peut utiliser sans aucun problème la lentille de Barlow (*cf.* page 37).
Nous allons à présent donner quelques indications à ceux qui veulent observer la Lune.

Nouvelle Lune
Le jour de la nouvelle Lune, notre satellite se trouve entre la Terre et le Soleil et il est donc invisible aux yeux d'un observateur. C'est le début du mois lunaire.

Début de la lunaison
Après la nouvelle Lune, l'astre se déplace jour après jour vers l'est de la conjonction Terre-Soleil et il se présente sous la forme d'un fin croissant, avec la « bosse » dirigée vers l'ouest parce que les rayons du Soleil éclairent son hémisphère occidental.
On voit la Lune le soir, après le coucher du Soleil, dans la direction ouest.
Pendant cette phase, le phénomène de la « lumière cendrée » est évident : il s'agit d'une faible luminosité que l'on observe sur la partie du globe lunaire qui est dans l'ombre et qui est due à la lumière que réfléchit la Terre sur la Lune.

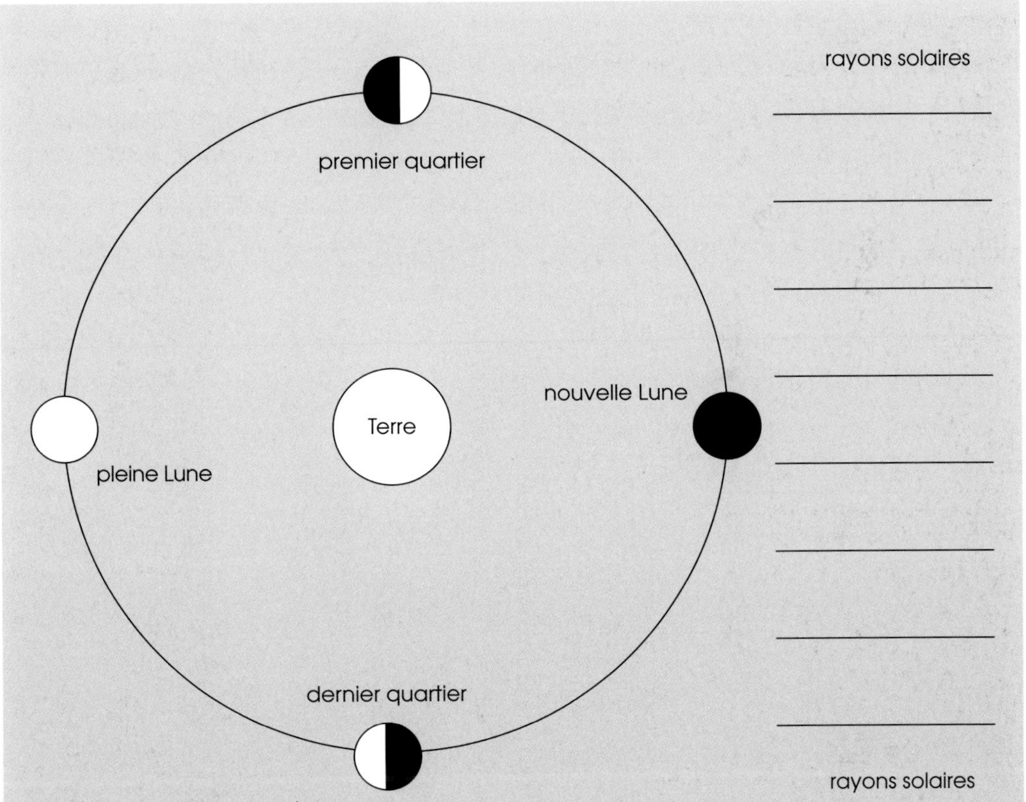

Schéma des phases lunaires

L'attention de l'observateur est surtout captée par la grande Mer des Crises. Ensuite, au fil de jours, on peut voir la Mer de la Fécondité, la Mer du Nectar et la Mer de la Tranquillité, l'endroit où a aluni Apollo 11 (vous pouvez retrouver tous ces noms sur une carte lunaire).

Premier quartier

La Lune a accompli un quart de sa révolution autour de notre planète et les deux droites qui la relient à la Terre et au Soleil forment un angle de 90°.

Elle se lève vers midi et est visible après le coucher du Soleil pendant quelques heures au sud-ouest et à l'ouest.

Durant cette phase, il peut être intéressant de pointer son télescope l'après-midi vers notre satellite même si, naturellement, à cause de la gêne provoquée par la lumière solaire, on ne peut pas voir autant de détails que la nuit. On peut toutefois observer des objets plus étendus, immergés dans une très belle lumière bleutée.

Au premier quartier, le disque lunaire est coupé à la moitié du terminateur qui est alors rectiligne (pendant les autres phases de lunaison, il forme un arc). Le paysage offert est très contrasté et spectaculaire. On voit entièrement la Mer de la Sérénité, la Chaîne du Caucase et quelques cratères intéressants : Aristote, Hipparchus, Ptolémée et Alphonsus.

Vers la pleine Lune

Au fil de jours, la Lune se lève de plus en plus tard et la portion visible de sa surface est de plus en plus grande.

Vers le nord, on peut observer les Alpes, le grand cratère Platon, la Chaîne Droite, le

Cratère Copernic

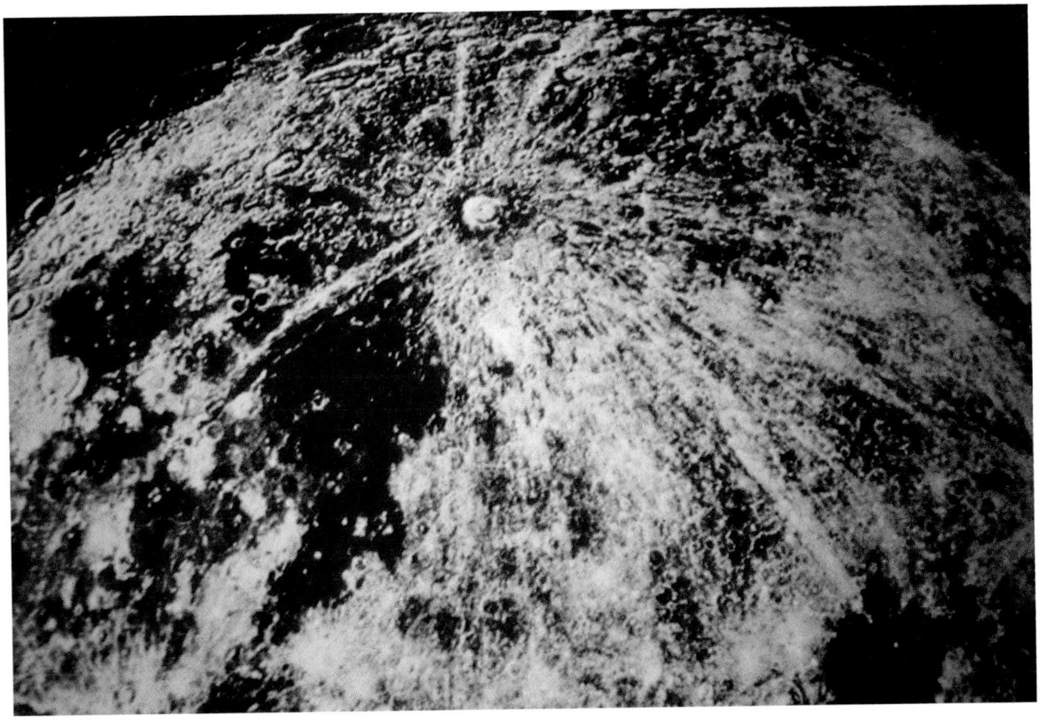

Cratère Tychus

grand Sinus Iridium et la Mer du Froid. Au sud, on voit apparaître la Chaîne des Apennins et la Mer Imbrium, avec trois superbes cratères : Aristillus, Autolycus et Archimède. On voit aussi les monts des Carpates et les cratères Ératosthène et Copernic, le Mur Droit puis les cratères Tychus, entouré d'une magnifique auréole, et Clavius. Ce dernier en particulier attire l'attention de l'observateur puisqu'il contient de nombreux cratères aux dimensions plus réduites.

Pleine Lune

Le jour de la pleine Lune, la Lune a accompli la moitié de sa révolution autour de la Terre, qui se trouve à son tour entre le Soleil et la Lune. Cette dernière apparaît au coucher du Soleil et se couche à l'aube. Le Soleil éclaire entièrement la face de la Lune tournée vers nous.
C'est le moment le moins bon pour l'observation parce que l'illumination frontale de la Lune rend son paysage plat, sans relief et surtout sans ombre près du terminateur.

Dernier quartier

Après la pleine Lune, la Lune commence à se déplacer progressivement vers l'ouest de la conjonction Soleil-Terre. Sa « bosse » se déplace donc vers le levant (l'hémisphère oriental du satellite est éclairé par les rayons du Soleil). Le jour du dernier quartier, la Lune se lève autour de minuit et comme elle a accompli les 3/4 de sa révolution autour de notre planète, elle se trouve à nouveau à angle droit par rapport à la Terre et au Soleil, mais dans la partie opposée à celle qu'elle occupait au cours du premier quartier.
On peut donc l'observer dans la deuxième partie de la nuit et à l'aube on peut la trouver haute dans le ciel, vers le sud. Au cours des premières heures de la matinée, on peut à nouveau l'observer dans la lumière du jour, comme pendant son premier quartier. Quand on se rapproche de la nouvelle Lune, le phénomène de la « lumière cendrée » se répète. On peut observer les mers orientales : Oceanus Procellarum, Mare Nubium et Mare Humorum. À l'intérieur de la première, on note les cratères Aristarchus, Kepler et, près du bord de la Lune, Grimaldi.

Tous les corps du système solaire (à l'exception de Pluton, qui a une inclinaison orbitale de 17° environ) tournent autour du Soleil à peu près sur le même plan, dit « de l'écliptique ». Pour expliquer ce phénomène, il faut remonter à la genèse du système solaire. La partie centrale du nuage gazeux (là où s'est formé le Soleil), avec sa propre force de gravité, a commencé à attirer vers soi toute la matière environnante. Cette dernière s'est mise ensuite à tourner autour du Soleil en formation et la vitesse de ce déplacement l'a disposée sur un seul plan. Cependant, sur ce plan, les différents corps du système solaire ont une inclinaison orbitale légèrement différente les uns des autres. La Lune, par exemple, a une inclinaison de 5° sur l'écliptique, qu'elle rencontre en deux points appelés « nœuds ». Ainsi, quand notre satellite arrive à proximité d'un de ces deux nœuds – dont la ligne pointe vers le Soleil – la Terre, la Lune et le Soleil se trouvent alignés. On observe donc une éclipse :

– de Soleil, quand la Lune se trouve entre la Terre et le Soleil ;

– de Lune, quand c'est la Terre qui s'interpose entre le Soleil et notre satellite naturel.

Éclipse totale de Soleil, dans sa représentation schématique et vue dans l'objectif d'un appareil photo

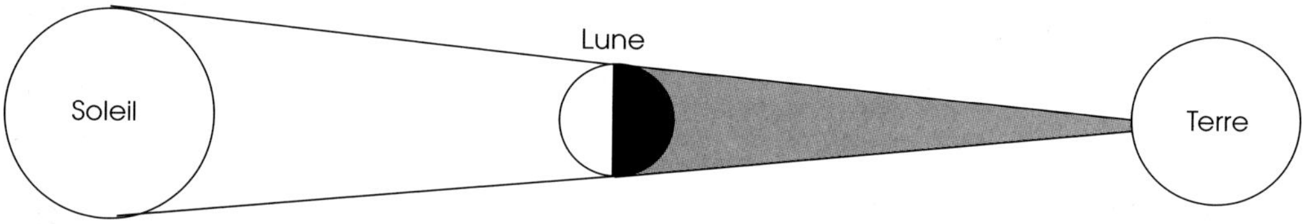

Schéma et cliché photographique d'une éclipse de Lune

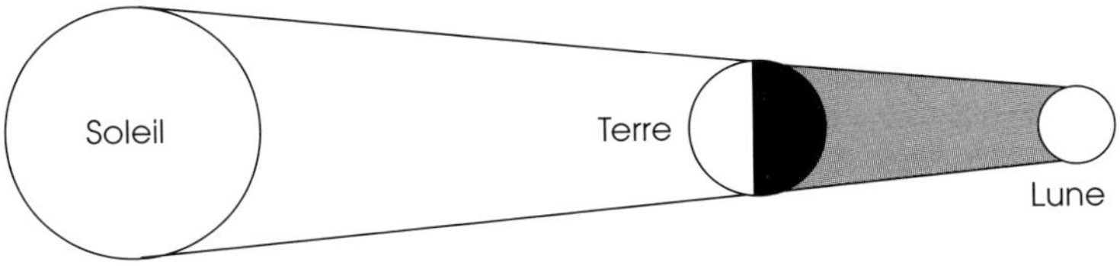

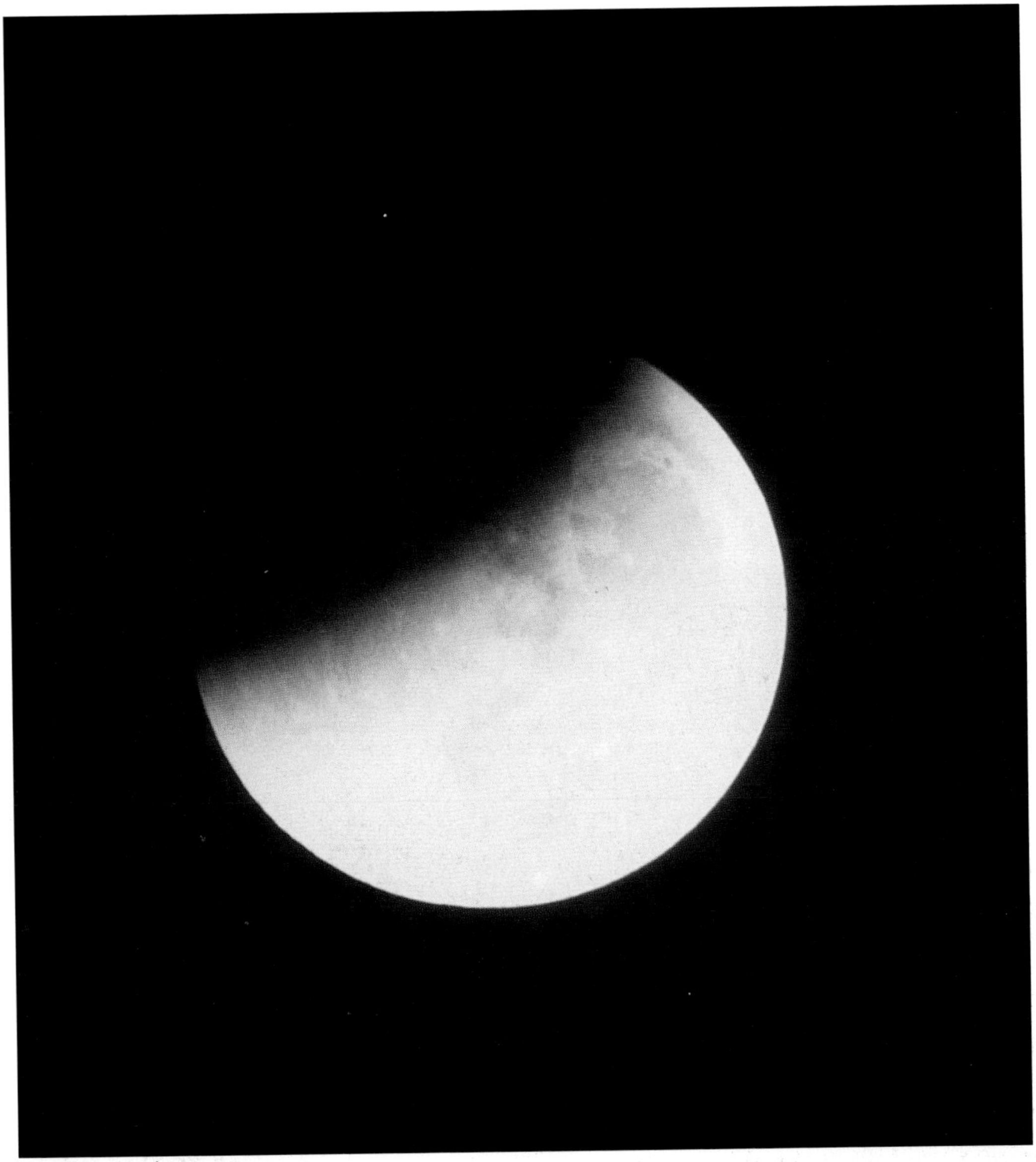

L'éclipse de Lune se produit uniquement à la pleine Lune, quand notre planète se trouve entre le Soleil et la Lune.

Réciproquement, une éclipse de Soleil ne survient qu'à la nouvelle Lune, quand notre satellite se trouve entre la Terre et le Soleil.

Dans sa dynamique, l'éclipse est provoquée par le cône d'ombre provoqué par les rayons du Soleil qui rencontrent la Terre ou la Lune. Plus précisément, une éclipse de Soleil peut être :

– totale, quand l'ensemble du disque solaire est occulté ;

– partielle, quand le disque solaire n'est qu'en partie caché ;

– annulaire, quand, étant donné la plus grande distance entre la Terre et la Lune (qui se trouve à son point le plus éloigné – apogée – de son orbite autour de la Terre), le disque lunaire ne parvient pas à recouvrir toute la surface solaire.

Cette dernière remarque explique la particularité des éclipses de Soleil durant lesquelles un corps de 3,475 km de diamètre en occulte un autre qui a un diamètre de 1 392 000 km.

L'éclipse peut survenir en raison des différentes distances qui séparent ces deux corps de notre planète : la distance moyenne de la Terre à la Lune est de 384 000 km et celle qui sépare la Terre du Soleil est de 149 597 000 km. Le diamètre apparent visible de la Terre est de 31'5" pour notre satellite et de 32'01" pour notre étoile.

En ce qui concerne l'éclipse de Lune, le diamètre de l'ombre projetée par la Terre est environ trois fois supérieur à celui de notre satellite, à cause des différentes dimensions des deux corps. Pendant une éclipse lunaire, il se produit donc un faisceau de pénombre à l'intérieur (dans la zone externe) et une ombre dans sa zone centrale.

On peut observer trois types d'éclipse lunaire :

– partielle de pénombre, quand la Lune entre seulement dans la zone de pénombre ;

– partielle d'ombre, quand notre satellite entre dans le faisceau de pénombre et seulement en partie dans la zone d'ombre ;

– totale d'ombre, quand la Lune fait son entrée dans la pénombre ou dans l'ombre.

Éclipse partielle de Soleil

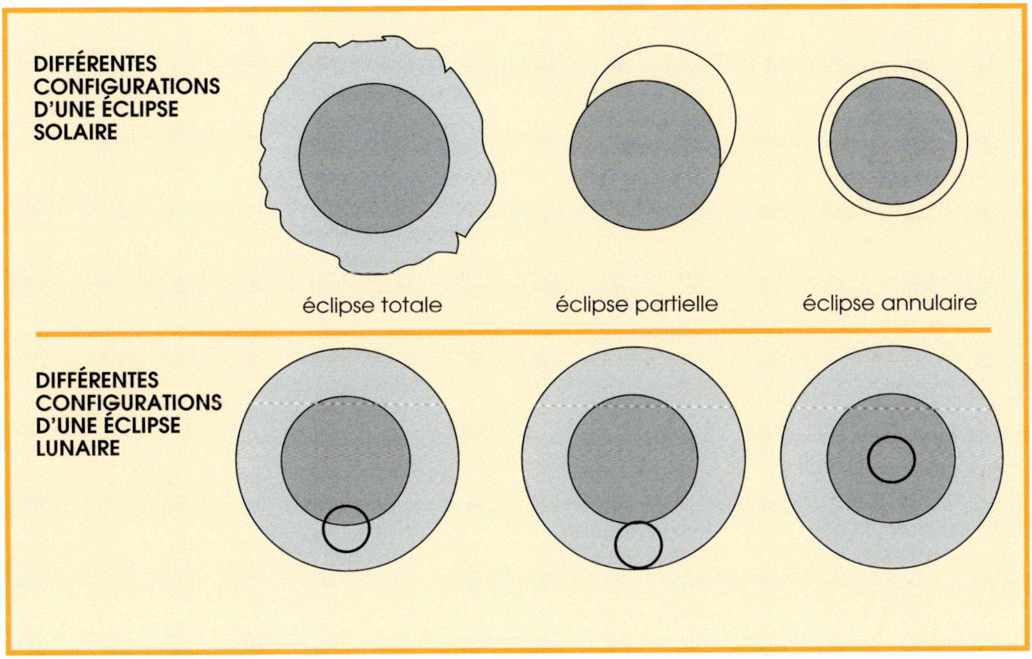

Comment observer une éclipse de Soleil et de Lune

Attention, il ne faut jamais regarder directement la lumière solaire, pas même pendant une éclipse, pour éviter des brûlures irréparables pour la vue. Il faut utiliser des lunettes de soudeur pour observer ce phénomène sans l'aide d'instruments optiques. Avec un télescope ou des jumelles, il faut suivre les mêmes recommandations que celles qui ont été fournies pour l'observation du Soleil. Si l'on est bien équipé, on peut remarquer la lumière intense de la couronne solaire et l'atmosphère du Soleil pendant les quelques minutes au cours desquelles se déroule le phénomène. En dehors de la couronne, il est intéressant d'observer, le long du bord de la surface lunaire, les vallées inondées de très belles lueurs.

L'obscurité de l'éclipse totale permet d'apprécier les étoiles et les planètes et la plus grande magnitude de ces dernières : près de ce phénomène, on peut observer Vénus et surtout Mercure (qui est si souvent invisible en raison de sa proximité avec la lumière éblouissante du Soleil).

Les différentes phases d'une éclipse durent environ 5 minutes. Il faut toutefois aussi rappeler que les phases qui précèdent et qui suivent une éclipse sont également très spectaculaires. En effet, une éclipse de Soleil commence au moins une ou deux heures avant sa plénitude, par la phase de pénombre. Durant cette période, la lumière du Soleil baisse progressivement jusqu'à atteindre des valeurs faibles, car l'endroit intéressé par le phénomène est gagné par le faisceau le plus externe de la zone d'ombre provoquée par l'éclipse.

L'éclipse de Lune est également très spectaculaire et son observation ne demande aucune précaution particulière. Quand l'ombre avance sur la surface lunaire (qui prend progressivement une belle couleur pourpre), on n'a même plus besoin du filtre lunaire conseillé pour l'observation de la pleine Lune. En effet, si l'on considère que la quantité de lumière réfléchie par la surface lunaire diminue considérablement, l'utilisation du filtre empêcherait de découvrir certains détails de notre satellite alors qu'ils sont lentement « avalés » par l'ombre de l'éclipse qui recouvre la Lune de sa coloration pourpre typique.

Les planètes

Le néophyte qui ne connaît pas la disposition des astres regroupés dans les différentes constellations peut rencontrer de grandes difficultés à distinguer les planètes des étoiles. Il existe un « truc » pour surmonter cette difficulté : en observant attentivement la source d'où provient la lumière, on peut remarquer que celle de l'étoile « scintille », alors que celle de la planète semble rester fixe. L'explication de ce phénomène est simple : une étoile est beaucoup plus éloignée qu'une planète. Il ne nous parvient donc qu'un seul faisceau de lumière qui provient d'une image ponctuelle que la turbulence de l'atmosphère terrestre fait facilement scintiller. La planète au contraire, étant plus proche de nous, possède un diamètre, même s'il est imperceptible à nos yeux. La lumière qu'elle nous envoie n'est donc pas ponctuelle mais formée d'un faisceau lumineux qui subit beaucoup moins l'effet précédent de scintillement.

La meilleure méthode pour distinguer les planètes des étoiles consiste donc à parvenir à distinguer une image arrêtée d'une image scintillante. L'amateur doit toutefois suivre cette recommandation : quand la planète se trouve près de la ligne d'horizon, son image a tendance à scintiller, toujours à cause de la turbulence atmosphérique. Pour la distinguer d'une étoile, il faut alors la comparer avec un astre proche qui, naturellement, scintillera davantage.

Le meilleur instrument pour observer les planètes est le télescope réfracteur, un instrument à lentilles (*cf.* page 20). Cette configuration optique, contrairement à celle des instruments à miroir, connaît en effet peu de déperdition de lumière, ce qui permet d'apprécier pleinement les détails des objets lumineux. Toutefois, même les instruments à miroir peuvent offrir des visions à vous couper le souffle, surtout quand leur ouverture est supérieure à 200 mm.

Le débutant à la recherche des planètes doit focaliser sa recherche sur une zone de ciel bien précise. En effet, les planètes ont leur orbite sur un seul plan (de l'écliptique) qui signale le trajet apparent du Soleil. Elles peuvent donc être retrouvées le long du Zodiaque, une zone ayant une extension de 16° (8° au-dessus et 8° au-dessous de l'écliptique), créée par la différente inclinaison des plans des différentes planètes sur le plan de l'écliptique. Ce faisceau entoure la ligne de l'écliptique et traverse 14 constellations : les 12 zodiacales (Sagittaire, Capricorne, Verseau, Poissons, Bélier, Taureau, Gémeaux, Cancer, Lion, Vierge, Balance et Scorpion) plus la Baleine et Ophiucus. Pour reconnaître les planètes, il suffit donc de se procurer une carte du ciel ou un atlas stellaire. En comparant ces instruments avec le panorama céleste, l'observateur peut reconnaître facilement d'éventuels corps « non-identifiés ».

Une autre méthode pour contrôler la position des « étoiles errantes » consiste à les reconnaître en utilisant un programme d'astronomie.

L'observation chromatique peut aussi aider l'amateur : en effet, Mercure a une couleur blanc sale ; Vénus est blanc intense et sa lu-

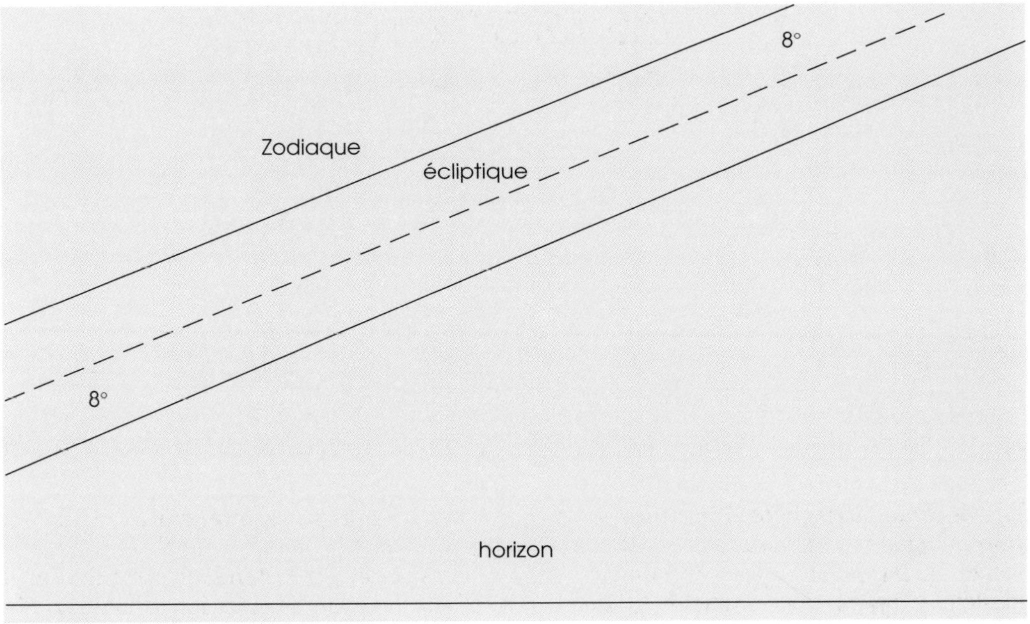

Projection dans le ciel du Zodiaque

minosité, uniquement inférieure à celle du Soleil et de la Lune, facilite sa reconnaissance ; Mars est rouge foncé ; Jupiter est aussi blanc sale (la luminosité de cet objet est très intense, seulement inférieure à celle du Soleil, de la Lune et de Vénus) ; enfin, une couleur jaune foncé accompagne le déplacement de Saturne à travers la voûte céleste.
Toutes ces planètes sont visibles à l'œil nu. En revanche, ce n'est qu'avec des instruments optiques que l'on peut observer Uranus, Neptune et Pluton (même si cette dernière n'apparaît que comme un simple petit point lumineux, y compris avec des instruments professionnels).

Les planètes visibles à l'œil nu sont : Mercure, Vénus, Mars, Jupiter, Saturne. Les planètes non visibles à l'œil nu : Uranus, Neptune, Pluton.

Phase de la planète Vénus

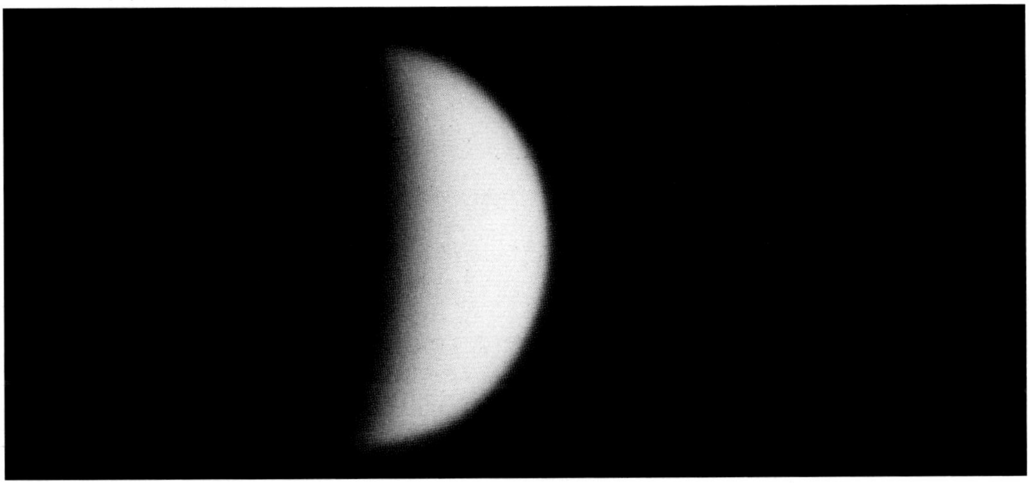

En dehors de cette distinction qui concerne leur visibilité à l'œil nu, les planètes sont aussi divisées selon leur emplacement identifié sur le faisceau des astéroïdes. On distingue les planètes :
– inférieures (Mercure, Vénus, Terre et Mars) ;
– supérieures (Jupiter, Saturne, Uranus, Neptune et Pluton).

Une quatrième subdivision intéresse l'amateur et concerne le fait que les corps célestes sont placés ou non entre la Terre et le Soleil. C'est pour cette raison que dans les paragraphes qui suivent, nous avons classé les planètes selon le critère :
– inférieures (Mercure et Vénus) ;
– supérieures (toutes les autres).

SYSTÈME SOLAIRE INTERNE

1 = Soleil
2 = Mercure
3 = Vénus
4 = Terre
5 = Mars

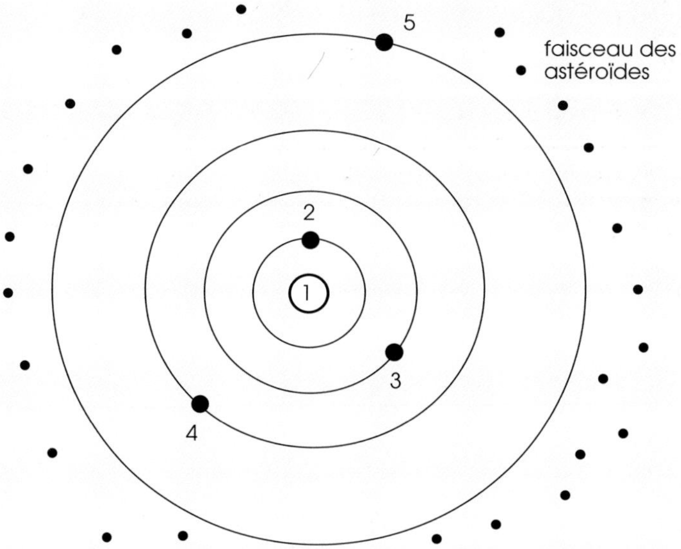

SYSTÈME SOLAIRE EXTERNE

1 = Soleil
2 = Jupiter
3 = Saturne
4 = Uranus
5 = Neptune
6 = Pluton
7 = comète

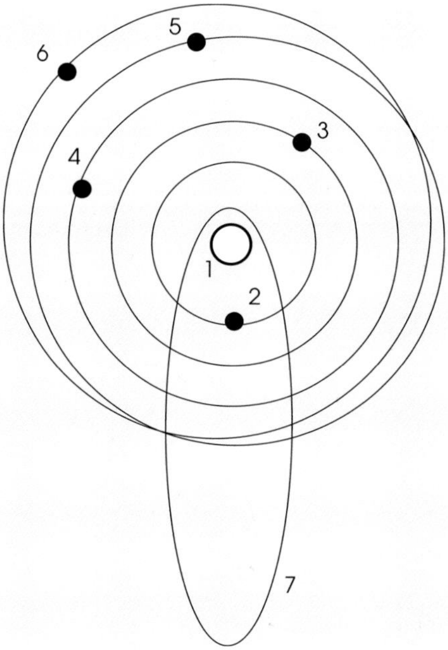

PLANÈTES INFÉRIEURES

Mercure et Vénus ont leur orbite près du Soleil et ils peuvent donc être observés juste après le coucher ou juste avant le lever du Soleil, parce qu'ils se déplacent dans le ciel en étant pratiquement « abrités » par notre étoile du jour. De plus, étant donné leur position entre la Terre et le Soleil, ces deux planètes ont des phases semblables à celles de la Lune. Quand elles se trouvent entre le Soleil et nous, elles ne sont pas visibles (c'est ce que l'on appelle la « conjonction inférieure », comparable à la nouvelle Lune) ; quand c'est au contraire le Soleil qui se trouve entre la Terre et la planète inférieure, le disque de cette dernière peut être observé dans son ensemble parce qu'il est éclairé directement par les rayons solaires. À ce moment, la planète se trouve en conjonction supérieure, condition comparable au phénomène de la pleine Lune.
La planète, au cours de sa révolution autour du Soleil, se déplace vers l'est et vers l'ouest par rapport à nous. Quand elle atteint son plus grand éloignement en degrés par rapport à la Terre et au Soleil, elle atteint ce que l'on appelle « l'élongation maximale », qui est ouest (si on voit la planète en direction du coucher du Soleil) ou est (si on voit la planète en direction du lever du Soleil). Ces deux positions dans le ciel sont comparables au premier et au dernier quartier de la Lune.

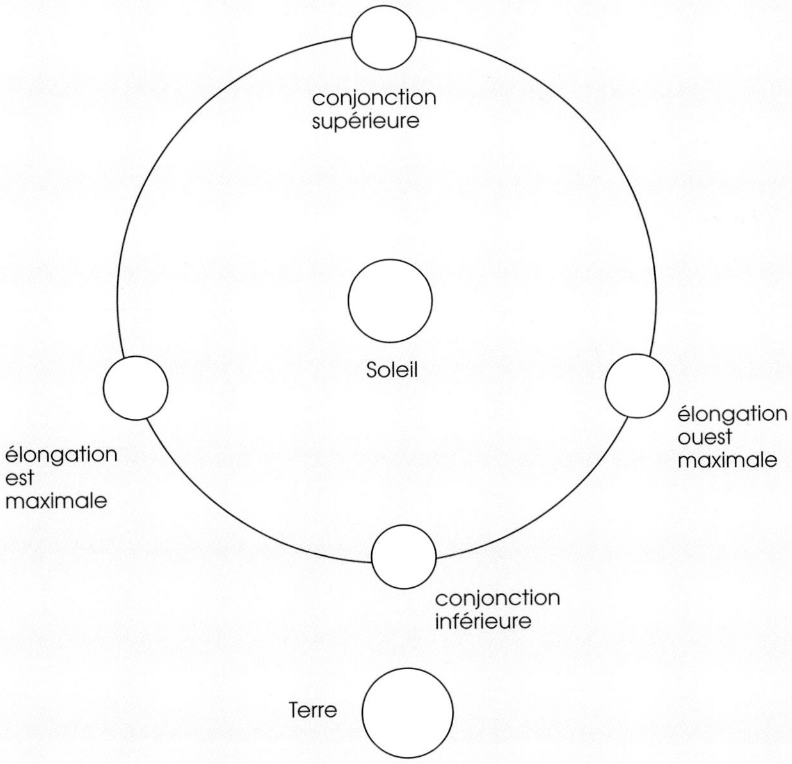

Aspect d'une planète inférieure

Mercure

C'est la planète la plus difficile à observer parce que son orbite est très proche du Soleil et qu'elle se détache très peu de celuici (28° au maximum). On ne peut la voir que pendant deux heures avant le lever ou après le coucher du Soleil. En outre, comme Mercure est situé toujours très bas sur l'horizon, sa lumière subit davantage l'effet de la turbulence atmosphérique, ce qui rend encore plus difficile son observation.

■ **Observation aux jumelles :** le diamètre insuffisant de cette planète ainsi que la turbulence atmosphérique dont nous venons de parler ne permettent pas une bonne observation aux jumelles : l'image obtenue est oblongue et mal définie.

■ **Observation au télescope :** on peut espérer observer le « petit croissant » très fin de Mercure uniquement si les conditions sont optimales : il faut que la planète se trouve dans son élongation maximale, que l'atmosphère soit « immobile » et se trouve en haute montagne. Il faut toutefois disposer d'un réfracteur d'au moins 100 mm, d'un télescope de Newton ou d'un catadioptre avec une ouverture d'au moins 200 mm.

CARTE D'IDENTITÉ

■ **Distance moyenne du Soleil :** 57,9 millions de km (0,39 UA)

■ **Période de rotation :** 58,65 jours

■ **Période de révolution :** 87,97 jours

■ **Diamètre :** 4 878 km

■ **Diamètre apparent (de la Terre) :** maximum 12",9, minimum 4",5

■ **Magnitude maximale :** – 1,9

La planète Mercure

Vénus

Comme cette planète est très brillante, on peut facilement la trouver sur le firmament. Appelée à tort « étoile du matin » ou « astre vespéral », il s'agit en réalité d'une planète. Sa période d'observation peut s'étendre jusqu'à trois heures avant ou après le lever du Soleil, puisque Vénus parvient à s'en détacher jusqu'à 47°.

■ **Observation aux jumelles :** dans des conditions favorables (quand la planète est bien haute sur l'horizon), on peut observer les phases de cette planète avec des jumelles d'au moins 20 x 80.

■ **Observation au télescope :** on peut pleinement profiter des phases de Vénus avec des réfracteurs d'au moins 80 mm de diamètre et des réflecteurs d'au moins 100 mm. La présence d'une épaisse couche de nuages empêche de découvrir des détails sur la surface de cette planète.

CARTE D'IDENTITÉ

■ **Distance moyenne du Soleil :** 108,2 millions de km (0,72 UA)

■ **Période de rotation :** 243,16 jours

■ **Période de révolution :** 224,70 jours

■ **Diamètre :** 12 104 km

■ **Diamètre apparent (de la Terre) :** maximum 65",2, moyen 37",3, minimum 9",5

■ **Magnitude maximale :** – 4,4

PLANÈTES SUPÉRIEURES

Les planètes supérieures, qui appartiennent au système solaire externe, ne présentent pas de phases. En effet, quand le Soleil est aligné avec la Terre et une planète supérieure, cette dernière se trouve en conjonction et est recouverte par la lumière solaire. Elle est donc invisible. Elle est en quadrature (ouest ou est) quand la Terre se trouve au sommet d'un angle de 90° (le Soleil et la planète se trouvent alors sur les deux autres sommets). Cette planète est visible de minuit à l'aube si elle est en quadrature ouest ; on peut au contraire la voir pendant la première partie de la nuit si elle se trouve en quadrature est, étant donné qu'elle apparaît vers midi.

Cette planète est visible pendant toute la nuit quand c'est la Terre qui se trouve sur la conjonction entre le Soleil et la planète en question. Cette dernière se trouve donc alors en opposition et apparaît au coucher du Soleil pour disparaître à l'aube.

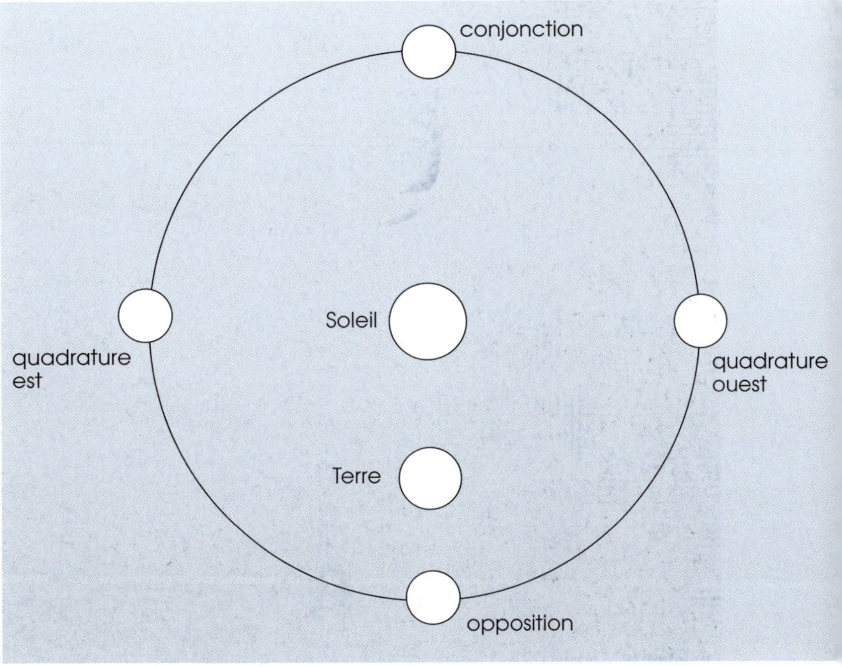

Aspect d'une planète supérieure

Mars

C'est la « planète rouge », appelée ainsi pour sa couleur due à la présence sur sa surface de matériaux ferreux (en particulier de l'oxyde de fer).

■ **Observation aux jumelles :** son diamètre est trop petit pour que l'on puisse apprécier les détails de sa surface avec des jumelles.

■ **Observation au télescope :** avec un instrument d'ouverture moyenne, on peut déjà commencer à découvrir les calottes polaires et certaines zones plus foncées de la surface, en particulier les grandes zones plates situées sur la face équatoriale de la planète.

CARTE D'IDENTITÉ

■ **Distance moyenne du Soleil :** 227,94 millions de km (1,52 UA)

■ **Période de rotation :** 24 h 37′ 23″

■ **Période de révolution :** 686,98 jours

■ **Diamètre :** 6 787 km

■ **Diamètre apparent (de la Terre) :** maximum 25″,7, minimum 3″,5

■ **Magnitude maximale :** – 2,8

Planète Mars avec sa calotte polaire

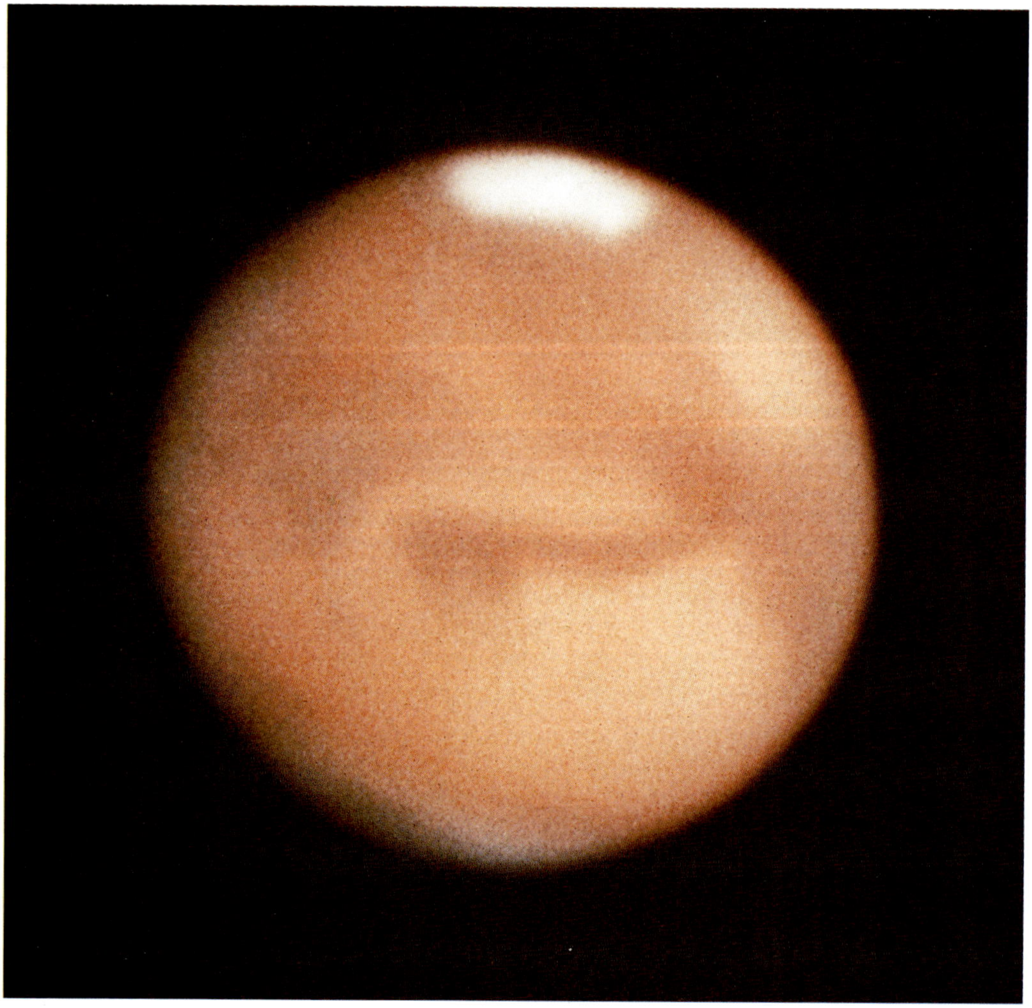

Jupiter

C'est la « géante » du système solaire qui offre à l'observateur un spectacle époustouflant. L'astronome amateur peut focaliser son attention sur les détails de la planète ou sur la disposition de ses quatre satellites principaux, appelés « satellites galiléens ».

Sur la surface de Jupiter, on peut observer les différentes bandes et les « ornements », constitués de grandes masses d'hydrogène en mouvement. Il y a en particulier la bande nord équatoriale et la bande sud équatoriale, située précisément à cheval sur l'équateur. Un observateur attentif ne doit pas manquer la fameuse tache rouge : objet de forme ovale, c'est une grande tempête en mouvement sur la surface de la planète.

Un autre grand spectacle offert par Jupiter est le système des satellites que nous avons déjà mentionné et qui apparaissent comme quatre étoiles disposées presque sur le même axe. En effet, Jupiter reproduit un petit système planétaire avec un géant gazeux en son centre.

Nuit après nuit, les 4 satellites (Io, Ganymède, Callisto et Europe) changent de position et se placent parfois dans une configuration très spectaculaire : par exemple, quand ils se trouvent tous les quatre du même côté de la planète. D'autres belles images peuvent être recueillies pendant l'occultation d'un satellite par la planète (c'est-à-dire quand un satellite transite derrière Jupiter) ou au contraire quand c'est un satellite qui passe devant Jupiter. Dans ce cas, on peut apprécier le déplacement de son ombre le long de la surface de la planète avec un instrument doté d'une ouverture moyenne.

CARTE D'IDENTITÉ

- **Distance moyenne du Soleil :** 778,34 millions de km (5,20 UA)
- **Période de rotation :** 9 h 50′
- **Période de révolution :** 11,86 ans
- **Diamètre :** polaire 134 700 km, équatorial 142 200 km
- **Diamètre apparent (de la Terre) :** maximum 50″,1, minimum 30″,4
- **Magnitude maximale** : – 2,6

La planète Jupiter avec sa tache rouge

Pour ceux qui désirent suivre de près ces moments spectaculaires, il existe des revues spécialisées qui publient les différentes positions des satellites par rapport à Jupiter, jour après jour avec un horaire déterminé.
De plus, ceux qui veulent suivre l'évolution du système jovien avec encore plus de précision peuvent trouver des logiciels d'astronomie qui reproduisent « minute par minute » le mouvement des satellites.
Il faut aussi rappeler une autre particularité de Jupiter : c'est la présence d'un anneau autour de la planète (pour la genèse des anneaux, reportez-vous à ce qui est dit à propos de Saturne). Il s'agit toutefois d'un objet qui n'est pas à la portée des instruments amateurs.

■ **Observation aux jumelles :** avec un bon instrument, on peut déjà observer le disque de la planète entouré de ses quatre satellites.

■ **Observation au télescope :** en augmentant le grossissement (et en utilisant des instruments avec des ouvertures de plus en plus grandes), on peut observer un nombre croissant de détails de la surface, à condition que l'atmosphère terrestre l'autorise.

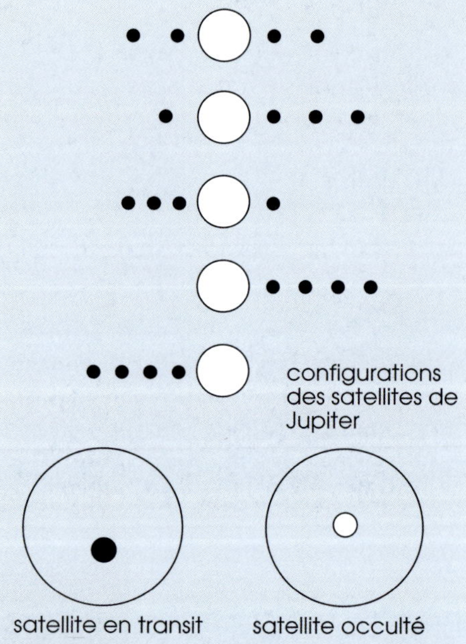

Position des satellites galiléens par rapport à la planète Jupiter

Saturne

Cette planète est connue sous le nom du « seigneur des anneaux ». C'est la planète la plus grande de notre système solaire après Jupiter. Son célèbre système d'anneaux est formé par la fragmentation de petits satellites provoquée par la forte attraction gravitationnelle de la planète. À présent, leurs restes tournent en orbite autour de la planète.
Ce sont naturellement les anneaux qui captent l'attention des observateurs, qui recherchent la division de Cassini, du nom de l'astronome italien qui l'a découverte en premier, ou la division d'Encke.
Il s'agit de deux zones où la matière en rotation autour de la planète est plus raréfiée et apparaît donc plus obscure. On peut aussi observer l'angle formé par les anneaux qui change selon la position de la planète par rapport à la Terre au cours de son orbite autour du Soleil.
La surface de Saturne es également très intéressante à observer au télescope en raison de la présence de grandes bandes de nuages, même si elles sont moins spectaculaires que celles de Jupiter.

CARTE D'IDENTITÉ

■ **Distance moyenne du Soleil :** 1 427 millions de km (9,54 UA)

■ **Période de rotation :** 10 h 39′

■ **Période de révolution :** 29,46 ans

■ **Diamètre :** polaire 107 700 km, équatorial 119 300 km

■ **Diamètre apparent (de la Terre) :** maximum 20″,9, minimum 15″,0

■ **Magnitude maximale :** – 0,3

■ **Observation aux jumelles :** avec cet instrument, Saturne apparaît comme un objet à la forme allongée. Cela permet au moins à l'observateur de ne pas confondre cette planète avec d'autres objets.

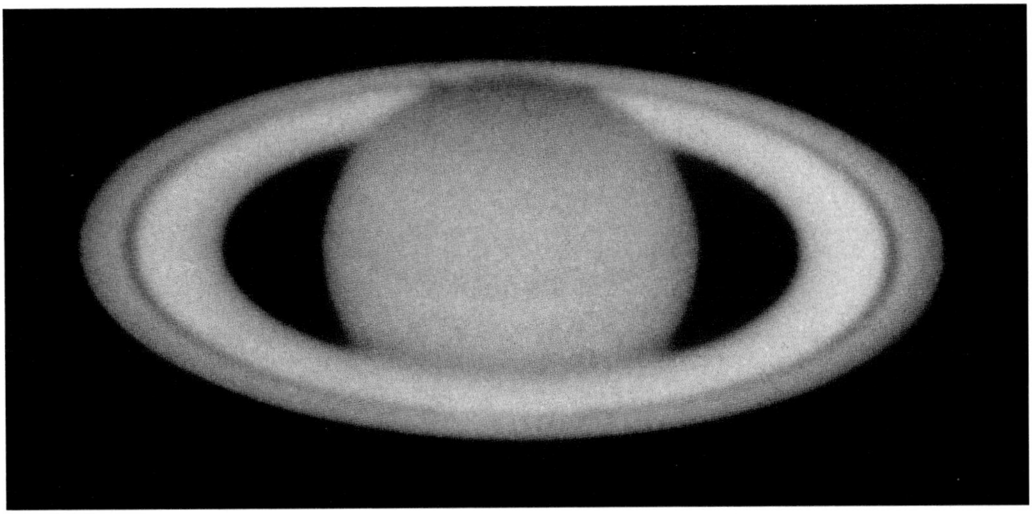

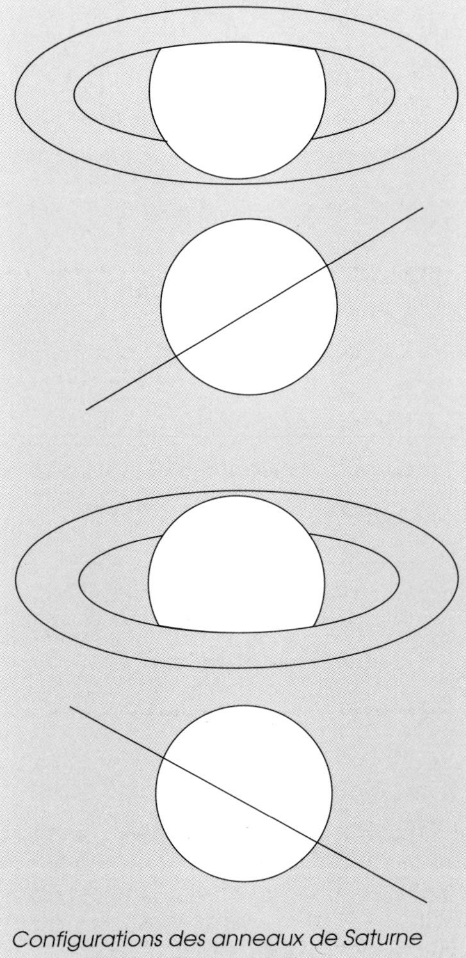

Configurations des anneaux de Saturne

La planète Saturne

Observation au télescope : avec un petit réfracteur, on peut déjà apprécier le fantastique système d'anneaux qui, en augmentant le grossissement, deviennent de plus en plus spectaculaires. La position du système d'anneaux est particulièrement remarquable quand ces derniers se trouvent de profil car on a l'impression qu'ils disparaissent. Enfin, il est conseillé de suivre, nuit après nuit, la position de Titan, le satellite de Saturne que l'on reconnaît facilement car c'est un petit point lumineux qui reste toujours à proximité de la planète.

La division de Cassini dans les anneaux de Saturne

Uranus, Neptune et Pluton

Ce sont les planètes les plus éloignées du système solaire, appelées également « planètes modernes » pour les distinguer des autres planètes qui étaient déjà connues des Anciens. Elles n'ont en effet été découvertes qu'avec l'aide du télescope : Uranus en 1781 (par William Herschel), Neptune en 1846 (par Johann Gottfried Galle et Heinrich Ludwig D'Arrest) et Pluton en 1929 (par Clyde Tombaugh).
Étant donné la grande distance qui les sépare de nous, elles ne représentent pour l'astronome amateur qu'un point de lumière, ce qui rend impossible l'observation de détails sur leur surface. Rappelons toutefois certaines caractéristiques de ces corps : Uranus et Neptune sont des planètes gazeuses (comme Jupiter et Saturne) qui possèdent un système d'anneaux beaucoup plus petit que celui de Saturne. Pluton est en revanche la seule « planète rocheuse » du système solaire externe.

Uranus

CARTE D'IDENTITÉ

- **Distance moyenne du Soleil :** 2 869,6 millions de km (19,18 UA)
- **Période de rotation :** 17 h 24′
- **Période de révolution :** 30 684,9 jours (84,01 ans)
- **Diamètre :** 51 200 km
- **Diamètre apparent (de la Terre) :** maximum 3,7″ minimum 3,1″
- **Magnitude maximale :** + 5,6

À droite : le système d'anneaux de la planète Neptune
Ci-dessous : le système d'anneaux de la planète Uranus

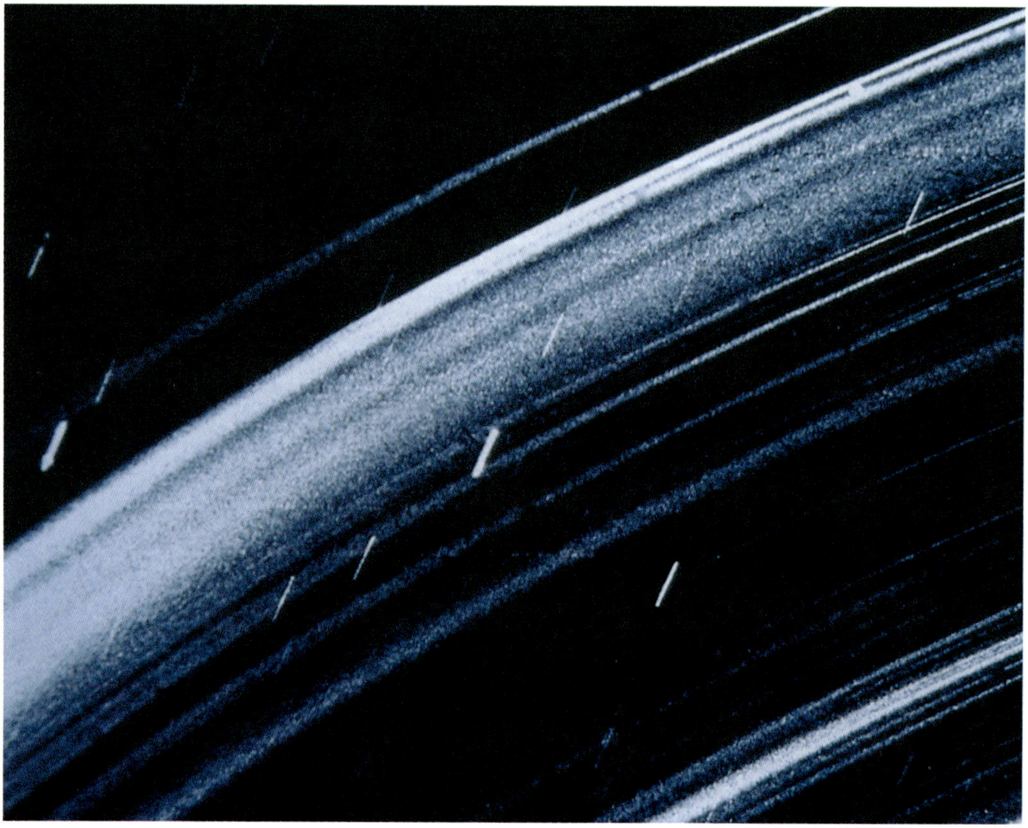

Neptune

CARTE D'IDENTITÉ
Distance moyenne du Soleil : 4 496,7 millions de km (30,06 UA)
Période de rotation : 17 h 52′
Période de révolution : 60 190,3 jours (164,8 ans)
Diamètre : 49 500 km
Diamètre apparent (de la Terre) : maximum 2,2″, minimum 2,0″
Magnitude maximale : + 7,7

Pluton

CARTE D'IDENTITÉ
Distance moyenne du Soleil : 5 900 millions de km (39,44 UA)
Période de rotation : 6 jours 9 h 17′
Période de révolution : 90 465 jours (247,7 ans)
Diamètre : 2 300 km
Diamètre apparent (de la Terre) : maximum 0″,25
Magnitude maximale : + 14

Les étoiles doubles, les étoiles variables et l'espace interstellaire

ÉTOILES DOUBLES

Selon des estimations récentes, il semblerait que dans notre galaxie, au moins 50 % des étoiles appartiennent à un système double ou multiple. Les objets désignés globalement sous le nom « d'étoiles doubles » peuvent être regroupés en deux catégories différentes :
– étoiles doubles par effet de perspective, c'est-à-dire des astres séparés par de très nombreuses années-lumière, qui n'exercent aucune interaction, mais qui semblent associées par effet de perspective ;
– étoiles doubles physiques qui sont au contraire proches l'une de l'autre et exercent une attraction gravitationnelle réciproque. Nées d'un unique nuage gazeux, ces deux astres tournent autour d'un centre de gravité commun dont l'emplacement dépend de leur masse respective. Les binaires à éclipse (*cf.* paragraphe suivant) constituent un type particulier de ces astres à la « double identité ».
Certaines étoiles doubles sont si proches l'une de l'autre qu'il est presque impossible de les distinguer. Cette séparation ne peut être effectuée qu'avec un spectroscope, un instrument qui permet de diviser les bandes lumineuses par longueur d'onde pour obtenir le spectre réel de chacune des sources lumineuses. Ces astres sont donc appelés « doubles spectroscopiques ».

Quoi qu'il en soit, beaucoup d'étoiles doubles sont à la portée d'une bonne paire de jumelles mais les systèmes qui présentent des composantes très proches ne peuvent être observés qu'avec un télescope.
Mizar et Alcor, dans la constellation de la Grande Ourse, font partie des étoiles doubles les plus spectaculaires. Si l'on pointe son télescope avec seulement une petite ouverture sur ce système double, déjà visible à l'œil nu, on peut remarquer que Mizar possède à son tour une compagne très proche.
Parmi les autres étoiles doubles à la portée des télescopes et des jumelles, il faut signaler Albireo, l'étoile β de la constellation du Cygne, un splendide système binaire dont la composante principale est de couleur orange, tandis que la seconde est d'une couleur bleu intense.
Parmi les systèmes multiples les plus célèbres, il faut aussi citer celui qui comprend les étoiles ε1 et 2 de la constellation de la Lyre et ce que l'on appelle le « trapèze » d'Orion. En ce qui concerne le premier système, ses principales étoiles doubles sont à la limite de la visibilité à l'œil nu et elles apparaissent comme une seule étoile à la forme allongée et irrégulière. Avec un bon télescope, on découvre que ses composantes sont à leur tour des étoiles doubles.
L'autre objet digne d'intérêt est θ Orionis, qui a quatre compagnes de couleur blanche ; il s'agit d'un objet encore plus intéressant à observer au télescope et aux jumelles parce qu'il permet de découvrir la splendide Nébuleuse d'Orion M 42 (*cf.* page 75).

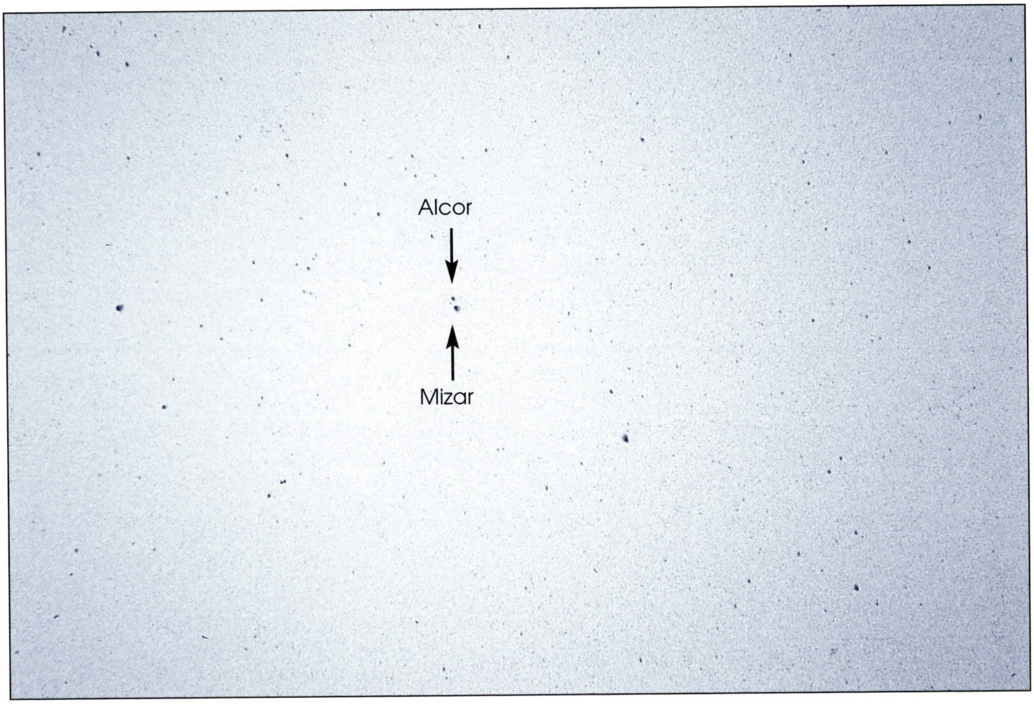

Mizar et Alcor, dans la constellation de la Grande Ourse

LA CLASSIFICATION DES ASTRES

Les astres les plus lumineux de chaque constellation sont identifiés par une lettre de l'alphabet grec. Ce critère de classification, introduit par l'astronome allemand Bayer, indique avec la première lettre de l'alphabet grec α (alpha), qui correspond à notre « a », l'astre le plus lumineux de la constellation. Le deuxième astre le plus brillant correspond à la lettre grecque β (bêta) et ainsi de suite jusqu'à ω (oméga), même si les erreurs sont nombreuses.

ÉTOILES VARIABLES

Comme l'indique leur nom, les étoiles variables sont des étoiles qui changent de luminosité dans le temps. Il s'agit d'astres très particuliers qui peuvent être divisés en deux catégories :
- étoiles variables géométriques ;
- étoiles variables intrinsèques.

Les binaires à éclipse appartiennent au premier groupe : il s'agit de systèmes doubles formés par des étoiles si proches qu'il est impossible de les séparer en les observant au télescope. Dans ce cas, quand un des deux astres transite devant l'autre, il l'éclipse, ce qui fait varier la luminosité totale du système.

Parmi ces étoiles variables, la plus célèbre est sans aucun doute Algol, étoile β de la constellation de Persée.

Les étoiles variables intrinsèques, en revanche, doivent leurs changements de luminosité à des réactions nucléaires ou à leurs caractéristiques particulières. Les étoiles variables peuvent à leur tour être distinguées en différentes catégories.

• Céphéides, du nom de la première étoile découverte qui présentait ces caractéristiques, la δ Cephei. Ce sont des étoiles très grandes qui sont l'objet de réactions thermonucléaires qui les font s'étendre et se contracter, de façon très régulière, sur une durée de quelques jours.

• Mira, du nom de β Ceti (étoile ou dans la constellation de la Baleine) qui varie en raison de réactions internes qui modifient sa luminosité pendant une période plus longue que les Céphéides. Elle se différencie aussi des précédentes par le temps très variable qu'il lui faut pour retrouver sa luminosité initiale.

• Variables irrégulières (ou éruptives) : cette catégorie contient des étoiles très différentes, parmi lesquels les T Tauri, des étoiles très jeunes qui sont encore en phase d'agglomération et les étoiles variables cataclysmiques, des systèmes binaires à l'intérieur desquels une étoile plus petite et plus dense récupère la matière d'une étoile très grande située à proximité ; au contact de la petite étoile, cette matière explose et augmente ainsi la luminosité totale du système.

Comment observer les étoiles variables

Pour étudier les étoiles variables, il faut utiliser la méthode suivante : une fois que l'on a trouvé l'étoile qui nous intéresse, on cherche à côté d'elle deux astres de « comparaison », dont on connaît la luminosité constante dans le temps. Sur les deux étoiles de référence, une doit être plus lumineuse que l'objet de la recherche et l'autre moins.
Au fil des jours, on peut apprécier les éventuelles différences de luminosité de l'étoile par rapport à celle des deux étoiles de référence. On peut ainsi construire ce que l'on appelle la « courbe de lumière » et déterminer la période de variabilité de l'étoile.
Naturellement, au cours de la période d'observation, il faut tenir compte des conditions atmosphériques et du *seeing,*

Étoile variable éruptive dans la constellation de la Carène

qui peuvent parfois changer la luminosité extrinsèque des étoiles. Ceux qui veulent se consacrer à une étude scientifique des étoiles variables devraient se procurer des petites cartes détaillées qui fournissent les valeurs des étoiles de référence, ce qui aidera leur recherche. Grâce à des revues d'astronomie, le débutant peut aussi savoir quelles sont les meilleures étoiles à observer pour commencer ce type d'études. Les valeurs des étoiles de référence peuvent aussi être retrouvées sur les cartes et les atlas du ciel ainsi que dans les logiciels d'astronomie.
L'étude des étoiles variables (une recherche que l'on peut même effectuer avec un télescope amateur) est vraiment un terrain fertile pour les passionnés d'astronomie étant donné la grande quantité d'astres qui changent de luminosité.

ESPACE INTERSTELLAIRE

Amas ouverts

On appelle « amas ouverts » les groupes d'étoiles de forme irrégulière, nés à partir d'un grand nuage gazeux très riche en gaz et en poussière. Dans certains cas, par exemple les Pléiades (qui se trouvent dans la constellation du Taureau), cette nébulosité peut encore être observée autour des astres qui constituent l'amas.
Ces amas regroupent de quelques dizaines à plusieurs centaines d'étoiles. Pour les observer, il est préférable d'utiliser des instruments qui permettent de couvrir un grand champ, par exemple les jumelles. En effet, il n'y a qu'avec ces instruments optiques que l'on obtient une vision d'ensemble qui permette d'apprécier la beauté de ces objets. Parmi les plus spectaculaires, il y a naturel-

Amas stellaire des Pléiades

LE CATALOGUE DE MESSIER

Certains des objets les plus spectaculaires de l'espace interstellaire ont été classés avec la lettre M, suivi d'un chiffre croissant. Cette lettre correspond à l'initiale du nom de famille de l'astronome français Charles Messier (qui a vécu au XVIIIe siècle) qui a classé 110 objets dont l'aspect pouvait être confondu avec celui des comètes. Il consacra une grande partie de ses observations à cette recherche.

lement les Pléiades (M 45) que nous avons déjà citées et les Hyades, dans la constellation du Taureau, l'amas hχ dans la constellation de Persée ou encore l'amas « vol de canard » (M 11) dans l'Écu de Sobieski. Pour observer des amas aux dimensions inférieures, on peut aussi utiliser des télescopes, si on prend la précaution de les équiper d'oculaires présentant un faible grossissement.

Amas globulaires

Des agglomérats d'étoiles très anciennes qui se trouvent au-delà du plan de notre galaxie, la Voie lactée, prennent le nom « d'amas globulaires ». De forme sphérique, ils peuvent contenir entre mille et des

Amas stellaire M 13

millions d'étoiles. Elles sont intimement liées par le champ gravitationnel de l'amas, dont la densité augmente progressivement quand on se rapproche de leur centre.
Les amas globulaires les plus lumineux sont des objets vraiment splendides à observer aux jumelles. Il faut absolument citer M 13 dans Hercule, M 3 dans les Chiens de Chasse, M 47 Tucanae (constellation du Toucan) et ω Centauri (constellation du Centaure), même si ces deux derniers ne sont malheureusement pas visibles sous nos latitudes, mais seulement dans le ciel austral.
Pour étudier les autres amas globulaires, qui sont très nombreux mais d'une luminosité plus faible, il faut un télescope. De petits grossissements permettent une meilleure vision d'ensemble de l'objet mais quand on passe à des grossissements plus grands, on peut essayer de découvrir les étoiles qui composent l'amas. Naturellement, la résolution est de plus en plus haute au fur et à mesure qu'augmente l'ouverture de l'instrument dont on dispose.

Nébuleuses

Les nébuleuses peuvent être classées ainsi :
- par émission ;
- par réflexion ;
- sombres ;
- variables éruptives ;
- planétaires ;
- restes de supernovae.

Le prototype d'une nébuleuse du premier type est M 42 dans Orion.
Il existe des zones dans l'espace dans lesquelles la densité de la matière interstellaire (principalement de l'hydrogène) est plus grande que celle des zones environnantes et les molécules ont tendance à s'agréger. Cette agglutination fait augmenter la température totale de la matière et donne naissance à des noyaux gazeux plus consistants (les protoétoiles), à l'intérieur desquels commence à se déclencher la fusion nucléaire qui permet la transformation de l'hydrogène en hélium.
Les protoétoiles, en dégageant de l'énergie sous forme de lumière et de vent stellaire, ionisent le gaz environnant en produisant la lumière qui parvient jusqu'à nous (d'un point de vue technique, l'ionisation vient du fait que quand la température du gaz augmente, les chocs entre particules augmentent aussi et les particules neutres se chargent électriquement, émettant ainsi de la lumière).
Dans les nébuleuses de gaz par réflexion, l'énergie émise par l'étoile ne suffit pas à ioniser le gaz et celui-ci se contente de ré-

Nébuleuse par émission M 42

fléchir la lumière de cette étoile (un exemple d'un tel objet peut être trouvé près de la nébuleuse Trifide dans le Sagittaire). Les nébuleuses sombres sont constituées d'hydrogène et de matière interstellaire qui servent d'écran aux étoiles qui l'illuminent. Le Sac de Charbon dans la Croix du Sud et la Tête de Cheval dans Orion sont particulièrement spectaculaires.
Un type particulier de nébulosité est représenté par les variables éruptives, comme l'étoile η dans la Carène. Ces astres font partie d'un système stellaire double dans lequel l'échange de matière entre deux astres provoque des explosions nucléaires qui projettent des gaz à une très grande vitesse. Cela éclaire le système binaire et produit des nébuleuses spectaculaires (*cf.* aussi page 72).
En ce qui concerne les instruments à utiliser, il faut choisir les mêmes que pour les amas : les jumelles sont le meilleur instrument pour des objets très étendus parce qu'elles permettent de les apprécier en entier. Les nébuleuses sombres et spectaculaires les plus connues (Amérique du Nord dans le Cygne et Sac de Charbon dans la Croix du Sud) entrent dans cette catégorie.
En revanche, pour les objets aux dimensions plus réduites, il est préférable d'utiliser un télescope pour les observer en entier. C'est encore le télescope qui permet d'observer les nébuleuses planétaires, même si une bonne paire de jumelles suffit aussi pour les plus étendues d'entre elles.

« VIEILLESSE » ET « MORT » D'UNE ÉTOILE

Une fois qu'elles ont terminé leur phase de transformation de l'hydrogène en hélium, certaines étoiles rejettent dans l'espace environnant leur enveloppe externe. Le gaz est ensuite activé par la lumière de l'étoile d'origine, ce qui donne naissance aux nébuleuses planétaires, ainsi définies parce que leur forme circulaire rappelle celle d'une planète. Parmi les plus célèbres, on peut citer la « nébuleuse en Anneau » (M 57) dans la constellation de la Lyre. Les étoiles ayant une grande masse terminent leur existence par une explosion ; les gigantesques quantités de gaz projetées dans l'espace se disposent autour de l'étoile qui a explosé et donnent naissance à des nébuleuses particulières. Le plus célèbre de ces objets est certainement M 1, dans la constellation du Taureau, appelé « nébuleuse du Crabe » en raison de sa forme particulière.

Galaxies

Les grands agglomérats d'étoiles prennent le nom de « galaxies ». Notre système solaire se trouve à l'intérieur d'un de ces agglomérats, la Voie lactée, à laquelle appartiennent tous les astres que nous voyons chaque nuit.

Les autres galaxies, extérieures à la nôtre et que l'on peut donc voir dans leur ensemble, peuvent être regroupées en trois grandes catégories :

– à spirale (M 31 dans Andromède, M 51 dans les Chiens de Chasse, M 81 dans la Grande Ourse et M 104 dans la Vierge sont les plus spectaculaires) ;

– irrégulières (M 82 dans la Grande Ourse, le Grand Nuage de Magellan dans la Dorade et dans la Table et le Petit Nuage de Magellan dans le Toucan) ;

– elliptiques (M 84, M 86 et M 87 dans la Vierge).

Selon les théories les plus autorisées, l'origine des galaxies remonterait au Big bang, l'explosion soudaine qui aurait donné vie à notre univers il y a environ 12 milliards d'années. Après 3 milliards d'années environ, de grandes quantités de matière ont commencé à s'agréger en énormes agglomérats atteignant jusqu'à 3 000 fois la dimension des galaxies actuelles.

Ensuite, la rotation de la matière a été à l'origine de la structure des galaxies telles que nous les observons aujourd'hui. Les anciennes étoiles explosaient pour laisser la place au nouvelles étoiles qui se formaient avec leur matière.

L'observation des galaxies doit être abordée avec deux types d'instrument, selon le degré d'extension de ces objets. Les conseils énoncés à propos des amas et des nébuleuses restent valables pour les galaxies.

Il existe en effet des galaxies qui occupent

La grande galaxie de Magellan

un grand champ, par exemple la déjà citée M 31 et les galaxies de Magellan.
Pour ces objets, il est préférable d'utiliser les jumelles. Ce n'est en effet qu'à travers cet instrument que l'on peut obtenir un champ qui comprenne l'ensemble de l'objet observé. Les galaxies sont notamment si lumineuses qu'aucun grossissement particulier n'est nécessaire pour les observer.
Naturellement, la situation est différente au fur et à mesure que la magnitude des galaxies diminue. Il existe ainsi des objets qui sont déjà spectaculaires quand ils sont observés aux jumelles mais qui deviennent vraiment splendides au télescope : ce dernier permet de les agrandir et de saisir leurs détails fugitifs. Il y a d'autres galaxies qui ne peuvent être observées qu'avec des télescopes (ou grâce à la photographie astronomique) munis d'une ouverture de plus en plus grande au fur et à mesure que la magnitude des objets observés diminue.

Voie lactée

Nous observons notre galaxie de l'intérieur, à la différence des autres galaxies, ce qui nous permet de regarder les astres qui la composent. « Voie lactée » est le nom que l'on donne à tort à la grande traînée blanchâtre qui traverse le ciel et que l'on peut facilement observer pendant les nuits d'été, quand sa portion la plus étendue devient visible.
Il faut 225 millions d'années (1 année cosmique) à notre Soleil pour accomplir une révolution complète autour de notre galaxie. Il faut rappeler que cette étoile se trouve dans un de ses deux bras spiraux (dit bras d'Orion, étant donné que certains astres de cette constellation célèbre se trouvent à l'intérieur). La Voie lactée représente l'ensemble de notre galaxie et pas seulement la bande blanchâtre que nous observons.
Il est très intéressant de pointer ses instruments dans cette zone qui traverse certaines des constellations les plus célèbres de l'en-

La « galaxie d'Andromède »

semble du firmament : Céphée, Cassiopée, les Gémeaux, le Grand Chien, Persée, le Cygne, la Lyre, l'Aigle, le Scorpion et le Sagittaire. La portion présente en particulier dans cette dernière constellation est probablement la plus intéressante dans l'absolu, même si malheureusement elle est un peu basse sous nos latitudes. Grâce à des jumelles ou un télescope, on peut découvrir la tache laiteuse composée de beaucoup de petites étoiles qui remplissent le champ de l'observateur. Il ne faut pas oublier que sur le fond de cette bande céleste, on peut aussi découvrir quelques-uns des objets les plus magnifiques de tout le firmament : parmi ceux-ci, citons simplement les plus célèbres, la nébuleuse Amérique du Nord dans le Cygne, la Lagune et la Trifide dans le Sagittaire.

Une belle image d'une zone de la Voie lactée

Astéroïdes, comètes et phénomènes atmosphériques

ASTÉROÏDES

Appelés aussi « petites planètes », les astéroïdes sont des corps de forme irrégulière dont l'orbite est comprise entre celle de Mars et celle de Jupiter. Leur origine remonte à la période où s'est formé notre système solaire. La présence de la grande masse de Jupiter a empêché la matière qui se trouvait dans cette zone de s'agréger à son tour en planète. Cette matière a été dispersée dans l'espace et a donné naissance à des corps plus petits et aux formes irrégulières. Cérès, qui a été découvert en premier (1801), est également l'astéroïde le plus grand (il a en effet un diamètre de 940 km). Au cours des années suivantes, on a trouvé d'autres astéroïdes auxquels on a donné le nom d'un personnage mythologique et un numéro d'ordre (Cérès a le numéro 1) : Pallas en 1802 (2), Junon en 1804 (3), Vesta en 1807 (4), qui est aussi le plus lumineux de ces corps, dont le nombre total a été estimé à environ 40 000. Cette estimation est toutefois douteuse puisqu'elle comprend aussi bien des corps mesurant quelques centaines de kilomètres que des corps s'apparentant à la poussière cosmique. Jusqu'à aujourd'hui, on peut dire qu'on en a réellement classifié 3 000. La planète Vesta a une magnitude de 6,5 et est largement à la portée de jumelles d'au moins 15 x 80 et de petits télescopes, tout comme Cérès (7,4), Pallas (8,0) et Junon (8,7).

En raison de leur faible luminosité et de leurs dimensions réduites, les plus grands astéroïdes apparaissent comme de faibles

L'astéroïde Ida (dimensions 52 x 20 km)

points de lumière. Pour les observer, il faut consulter les cartes et les éphémérides qui donnent leur position en ascension droite et en déclinaison : ils sont publiés sur les revues spécialisées. L'amateur peut aussi s'aider des logiciels d'astronomie dont certains permettent de voir la position de ces corps célestes sur l'écran.

Comme ils ont leur orbite sur le plan de l'écliptique, à l'image de tous les autres corps du système solaire, les astéroïdes peuvent être observés le long du Zodiaque. Les occultations d'étoiles de la part de ces corps ou leurs transits sur les galaxies peuvent être particulièrement intéressants. Dans ce cas, on voit les astéroïdes éclipser lentement la lumière des étoiles ou des galaxies, ne laissant voir, dans ce dernier cas, que leurs parties externes. Dans la galaxie partiellement « occultée » par l'astéroïde, on peut observer des détails qui se perdent autrement dans la vision d'ensemble.

COMÈTES

Ces objets sidéraux sont des « boules de neige sales », parce qu'elles sont composées de matériaux rocheux reliés par des substances glacées qui commencent à se sublimer et à se libérer quand la comète s'approche du Soleil. La queue spectaculaire de poussières et de gaz qui se forme est « activée », c'est-à-dire ionisée, par la radiation ultraviolette du Soleil et « soufflée » hors du noyau par le vent solaire. On voit très bien les comètes quand elles se rapprochent du Soleil et le moment le plus favorable pour les observer est donc quelques heures avant le lever ou le coucher de « l'étoile du jour ».

Les jumelles sont le meilleur instrument pour étudier les comètes : en effet, il grossit parfaitement bien l'objet et il ne restreint pas trop le champ visuel, deux conditions essentielles pour observer un objet étendu.
Pour les premières observations, il est conseillé d'utiliser des jumelles 7 x 50 ou 10 x 50 ; les télescopes réfracteurs (à lentilles d'au moins 60 mm ou les réflecteurs (à miroirs) d'au moins 100 mm, offrent de bons résultats. De plus, il est conseillé d'utiliser des oculaires à grandes lentilles (à partir de 20 mm) sur les télescopes, afin de disposer d'un champ visuel suffisamment large pour pouvoir apprécier les détails d'un objet aussi diffus que l'est une comète.

COMMENT RECONNAÎTRE UNE COMÈTE

Quand une comète se trouve très loin du Soleil, elle est dépourvue de la queue qui permet de l'identifier facilement. Toutefois, grâce aux cartes ou aux atlas stellaires, l'observateur peut faire la différence entre un astre « chevelu » et un amas globulaire, un amas ouvert ou une galaxie, puisque la comète n'est pas signalée sur les cartes.
On peut aussi utiliser des éphémérides qui indiquent la position de la comète pour partir à sa recherche.

Comète Hyakutake, qui est passée dans nos cieux en 1996

Comète Hale-Bopp

MÉTÉORES

Mieux connus sous le nom « d'étoiles filantes », les météores sont des grains de poussière laissés par les comètes quand elles s'approchent du Soleil. Quand la Terre, dans son mouvement de révolution autour du Soleil, traverse de tels essaims de particules, celles-ci entrent en contact avec l'atmosphère de notre planète et prennent feu à cause du frottement : c'est ainsi que naissent ces bandes de lumière spectaculaires qui illuminent le ciel nocturne.
La zone de ciel d'où ces objets semblent venir est appelé le « radiant », tandis que la période où l'activité est la plus grande est connue comme « maximum ».
Une constellation où se trouve un radiant donne son nom à l'essaim météorique : par exemple, le radiant des célèbres « larmes de Saint-Laurent » se trouve dans la constellation de Persée ; son essaim est donc connu sous l'appellation de « Perséides ». En ce qui concerne l'observation de ces objets évanescents, on peut employer deux méthodes :
- la méthode visuelle ;
- la méthode du comptage.

LES BOLIDES

Les bolides font partie des météores les plus spectaculaires : ce sont des objets très grands et qui ont donc besoin de plus de temps pour se consumer dans notre atmosphère. Ils laissent ainsi des traces très longues qui atteignent une luminosité comparable à celle qui est émise par Jupiter, Vénus ou même la Lune pendant son premier quartier.

Méthode visuelle

Cette méthode consiste avant tout à dessiner la trace des météores sur une carte (dite gnomonique), en indiquant leur point de départ et celui d'arrivée. Les cartes gnomoniques, que l'on trouve auprès des associations d'astronomes amateurs, rapportent la position des étoiles visibles à un moment donné afin de constituer un point de référence précieux à la disposition de l'observateur.
La seconde valeur à enregistrer est l'heure précise à laquelle le météore est vu : établi avec un chronomètre, cet horaire doit être noté en heures, minutes et secondes.
Il faut également noter la magnitude visuelle maximale du météore (au moment où il atteint son plus grand éclat), en la comparant avec celle des étoiles visibles au même moment.
Les dernières classifications concernent d'autres détails tels que la couleur, la présence d'une traînée persistante et de fragmentations.
Le dessin d'un météore sur une carte permet ensuite d'étudier le phénomène en théorie, pour pouvoir attribuer une traînée à chaque météore.
Comme on peut le deviner, cette méthode d'observation n'est conseillée que pour l'étude des météores sporadiques (qui appartiennent à un essaim mais qui sont visibles au cours des périodes éloignées du maximum d'activité) et des essaims mineurs dont le nombre ne dépasse pas une dizaine de météores à l'heure.
Quand ce seuil est dépassé, à l'occasion du maximum des essaims les plus actifs (Perséides, Géminides et Quadrantides), l'observateur ne parvient plus à noter correctement les météores qui traversent la voûte céleste. Il doit alors utiliser la méthode du comptage.

NOTIONS FONDAMENTALES POUR ÉTUDIER LES MÉTÉORES

Indépendamment de la méthode utilisée, il est indispensable de connaître quatre notions avant d'aller observer les météores.

- **L'estimation de la magnitude limite** (*cf.* aussi page 44). L'œil humain peut observer des astres dont la magnitude va jusqu'à 6 ; il y a toutefois des éléments qui influencent sa perception : troubles atmosphériques, nuages, brouillard, lueur lunaire au moment du coucher ou du lever du Soleil ou encore pollution lumineuse de plus en plus gênante. Naturellement, plus le ciel est obscur, plus la perception de l'observateur est bonne.

- **La fraction de champ visible.** Si l'on suppose que le ciel situé au-dessus de la tête de l'observateur tient dans un hémisphère délimité par les 360 ° de l'horizon, cet observateur ne peut pas en observer plus de 100°. À l'intérieur de ce champ, des obstacles peuvent venir gêner son observation (maisons, arbres, montagnes, etc.) ce qui réduit encore son champ visuel.
Si le pourcentage de la voûte céleste visible est inférieur à 20 %, l'observation est peu profitable parce que l'on ne peut pas surveiller une portion de ciel suffisante pour apprécier le mouvement d'un météore.

- **Le début et la fin de la séance d'observation**, en comptant d'éventuelles interruptions. Pour qu'une cession soit profitable, elle ne doit pas être inférieure à une heure, étant donné que c'est sur cette base que l'on calcule le THZ ou Taux Horaire Zénithal : il s'agit du nombre probable de météores observé en heure dans des conditions idéales et avec le radiant au zénith, c'est-à-dire sur la verticale de l'observateur.

- **La zone de ciel observée**, avec les données de déclinaison et d'ascension droite.

Méthode du comptage

Le comptage des météores consiste à enregistrer deux données :
– la magnitude visuelle maximale ;
– l'essaim d'appartenance.

Cette méthode oblige l'observateur à garder constamment les yeux pointés vers le firmament. Il est donc utile d'enregistrer ses observations ou d'être accompagné d'une personne qui annote ces observations et tous les éléments qui lui sont dictés au fur et à mesure. Avant de se lancer dans un comptage de ce type, il faut connaître la position des radiants de chaque essaim. Pour relier un météore à un essaim, on doit tenir compte :
– des traînées du météore devant croiser (à rebours) le radiant de son essaim d'appartenance ;
– des météores appartenant à des essaims différents qui ont des vitesses différentes ; ainsi, une vitesse de déplacement apparente associée à des caractéristiques équivalentes (par exemple le relevé de traînées plus ou moins persistantes) facilite beaucoup le travail de l'opérateur.

AURORES POLAIRES

Les aurores polaires (boréales si elles ont lieu dans notre hémisphère et australes quand elles se produisent au sud de l'Équateur) sont des phénomènes très spectaculaires mais seulement visibles à des latitudes proches des deux pôles terrestres. Elles peuvent être observées également sous d'autres latitudes mais beaucoup moins fréquemment (la probabilité d'en voir une en Italie est à peu près d'une par an).
Les aurores polaires se caractérisent par une clarté souvent très colorée de vert, de rouge ou de bleu, qui peut aller jusqu'à recouvrir de vastes portions de ciel.
Les aurores polaires ont pour origine la rencontre entre des particules électrifiées qui proviennent du Soleil (ce que l'on appelle le vent solaire) et le champ magnétique terrestre, produisant alors ces lueurs magnifiques. Cette référence au champ magnétique terrestre nous fait aussi comprendre la raison pour laquelle ces phénomènes s'observent plus facilement sous les latitudes proches des pôles. En effet, c'est dans les régions polaires que les lignes de

LES PRINCIPAUX ESSAIMS MÉTÉORIQUES

Nom de l'essaim	Constellation	Période de visibilité de	à	Date du taux horaire maximal	Taux maximal
Quadrantides	Bouvier	1er janvier	6 janvier	3 janvier	?100
Lyrides	Lyre	12 avril	24 avril	22 avril	10
η Aquarides	Verseau	24 avril	5 mai	5 mai	35
δ Aquarides	Verseau	15 juillet	20 août 6 août	19 juin 10 août	20
ι Aquarides	Verseau	juillet	août	6 août	8
Perséides	Persée	23 juillet	20 août	12 août	80
Pisces	Poissons	septembre	octobre	8 septembre 21 septembre 13 octobre	10 5 ?
Orionides	Orion	13 octobre	27octobre	22 octobre	25
Taurides	Taureau	20 octobre	30 novembre	3 novembre	10
Léonides	Lion	15 novembre	20 novembre	17 novembre	?10
Géminides	Gémeaux	7 décembre	16 décembre	13 décembre	90

Le phénomène de l'aurore boréale

force du champ magnétique sont perpendiculaires à la surface de la Terre : les particules du vent solaire y sont donc plus facilement attirées et elles entrent en contact avec l'atmosphère de notre planète.

AUTRES PHÉNOMÈNES ATMOSPHÉRIQUES

La lumière zodiacale se manifeste comme un faible cône de lumière qui s'élève de l'horizon après le coucher du Soleil ou avant l'aube. Ce phénomène est dû à la présence de particules situées sur l'écliptique qui reflètent la lumière solaire. Cette dernière est donc visible le long du Zodiaque. Dans des conditions de ciel très limpide, sa luminosité peut rivaliser avec celle de la Voie lactée.
La réfraction de la lumière solaire par les particules en orbite dans notre système solaire donne naissance à deux autres phénomènes, beaucoup moins lumineux que le précédent : le *Gegenschein* (ou lumière d'anthélie) et la bande zodiacale. Le premier est une tache de lumière qui se trouve dans la direction opposée au Soleil et crée une forme ovale 40 fois plus grande que la pleine Lune.
La deuxième est un faisceau de lumière visible sur les côtés du *Gegenschein* et qui peut parfois s'associer à la lumière zodiacale, offrant de curieuses conformations.
Il faut enfin citer la lumière du ciel nocturne, ou luminescence de l'atmosphère (due à des réactions chimiques qui émettent de la lumière), la lumière stellaire (qui provient des étoiles qui peuplent le firmament) et l'éclair (ou rayon) vert dû à la dernière portion du disque solaire qui semble émettre une lueur de couleur verte quand il disparaît derrière l'horizon.

LES CARTES POUR EFFECTUER SES « PREMIERS PAS »

Après avoir rappelé que les constellations sont des figures imaginaires parce que les étoiles qui les composent sont distantes de plusieurs années-lumière et qu'elles n'ont aucun lien entre elles, il n'en reste pas moins vrai que certaines constellations sont d'une importance particulière. En effet, leur forme caractéristique permet au débutant de les reconnaître facilement. Une fois que ces groupes d'étoiles sont bien mémorisés, il peut ensuite les utiliser pour en reconnaître d'autres, en effectuant des alignements à partir de ces points de repères. Pour chacune des quatre saisons de l'année il existe une « constellation de référence » que l'on observe dans le ciel nocturne.
Il existe des étoiles et des constellations circumpolaires, c'est-à-dire formées d'étoiles si proches du pôle Nord céleste qu'elles ne se « couchent » jamais. Elles accomplissent une rotation complète au-dessus de l'horizon, autour du point vers lequel est incliné l'axe de rotation de notre planète.
Les alignements ont été choisis pour des constellations observables pendant la plus grande partie de l'année dans l'hémisphère boréal, puisqu'elles sont situées au-dessus de l'équateur céleste (c'est-à-dire la projection de l'équateur terrestre sur la voûte étoilée).

Constellations circumpolaires

Le groupe d'étoiles le plus connu est certainement la Grande Ourse. Si l'on dirige son regard vers le nord, on n'a aucun mal à rencontrer les sept astres appelés Grand Chariot ou la Casserole, formé d'un grand quadrilatère et d'un large triangle, appelé queue. Si l'on prend comme base les deux astres qui forment la « partie postérieure » du Chariot et que l'on prolonge cinq fois vers le nord la ligne qui les relie, on rencontre l'étoile polaire, qui marque presque exactement le pôle Nord céleste.
Si l'on fait partir de l'étoile polaire une ligne qui forme à peu près un angle droit avec le prolongement de la ligne sur laquelle se trouvent les deux étoiles « antérieures » du Chariot, on rencontre Capella, un des astres les plus lumineux de notre firmament et qui est visible, sous nos latitudes, pendant la majeure partie de l'année.
Si on trace une ligne qui relie l'étoile polaire à l'étoile centrale de la queue du Chariot, la magnifique étoile double visible à l'œil nu (Mizar et Alcor), on atteint le grand W qui est à l'origine de la constellation de Cassiopée.

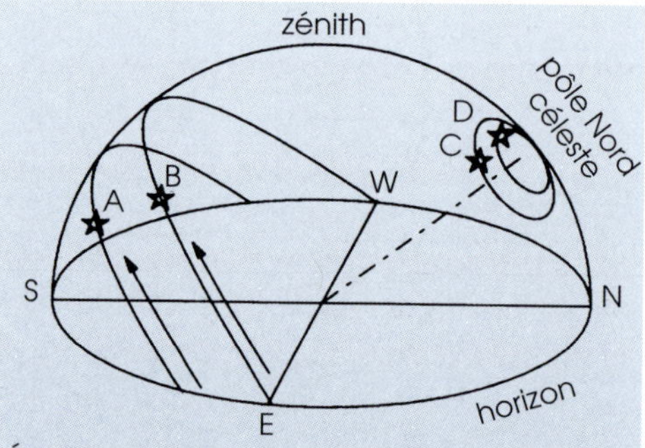

Étoiles circumpolaires et non (avec l'horizon à des latitudes moyennes)

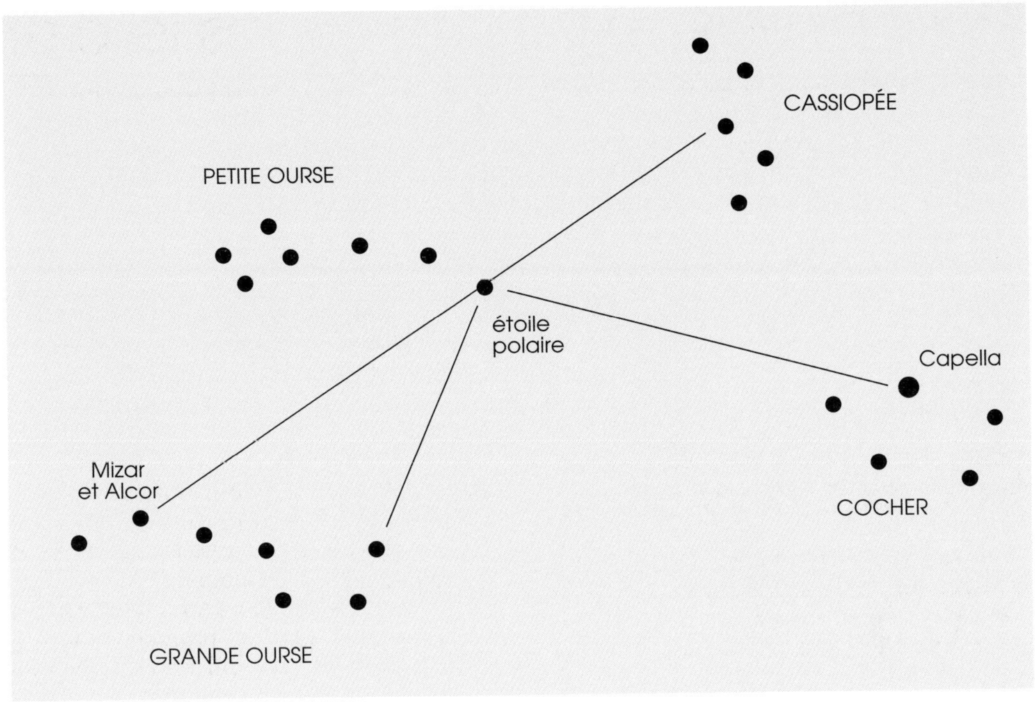

Constellations du printemps

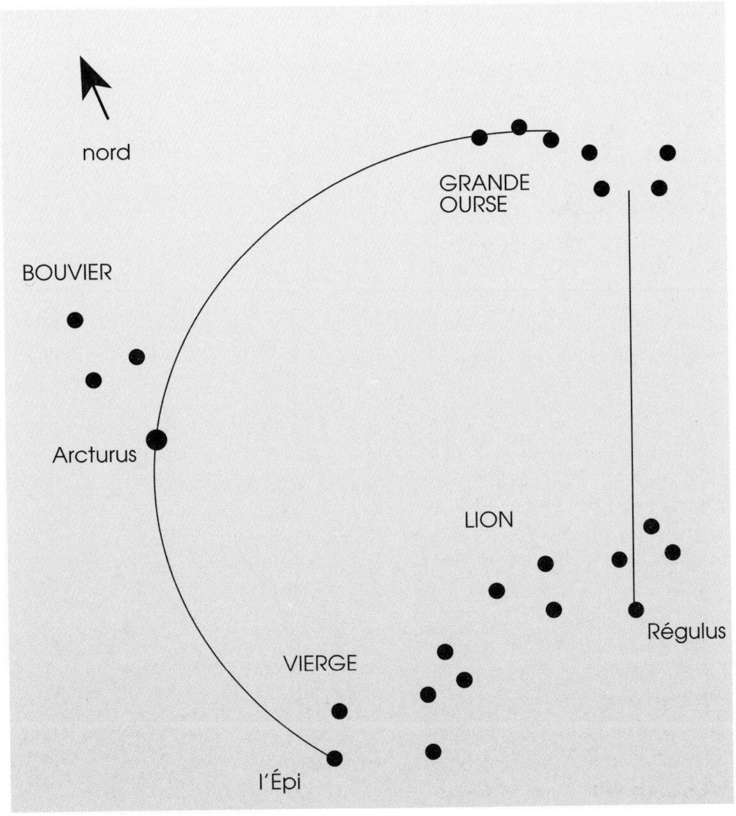

En partant de la queue de la Grande Ourse (qui est circumpolaire mais qui atteint sa position la plus haute dans le ciel au printemps) et en prolongeant son arc vers le sud-est, on rencontre tout d'abord Arcturus, l'étoile brillante orangée de la constellation du Bouvier puis l'Épi, un astre de couleur azur, le plus lumineux de la Vierge.
Ensuite, en traçant une ligne qui part du centre de la partie postérieure du Grand Chariot et qui va vers l'horizon, on rencontre Régulus, qui est l'étoile la plus lumineuse du Lion.

Constellations d'été

L'acteur principal du ciel d'été est le grand « Triangle d'été », formé de Véga (l'étoile la plus lumineuse de la Lyre), Deneb (l'astre le plus lumineux du Cygne) et Altaïr (l'étoile la plus lumineuse de l'Aigle). En partant de ce grand triangle, on atteint les différentes constellations qui sont visibles par les chaudes nuits d'été : Hercule, le Sagittaire, le Scorpion, le Serpent, Ophiucus, la Couronne Boréale.

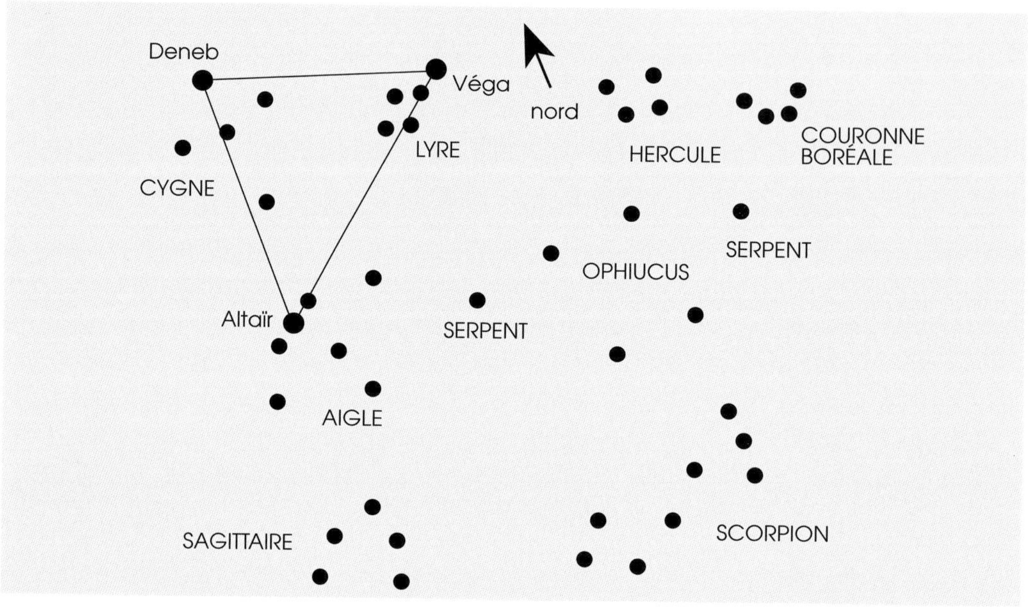

Constellations d'automne

Le grand « Carré de Pégase » domine le ciel automnal. Si on prolonge sa diagonale en direction sud-est, on rencontre la constellation de la Baleine. Si on la trace en direction nord-est, on arrive à Mirfak, l'astre le plus lumineux dans la constellation de Persée. En la suivant en direction sud-ouest, on atteint Sadalmélik, l'étoile la plus lumineuse du Verseau. En prolongeant vers le nord la ligne qui relie les deux angles orientaux du « Carré » on trouve, en passant par l'étoile Caph de Cassiopée, la direction pour atteindre l'étoile polaire.

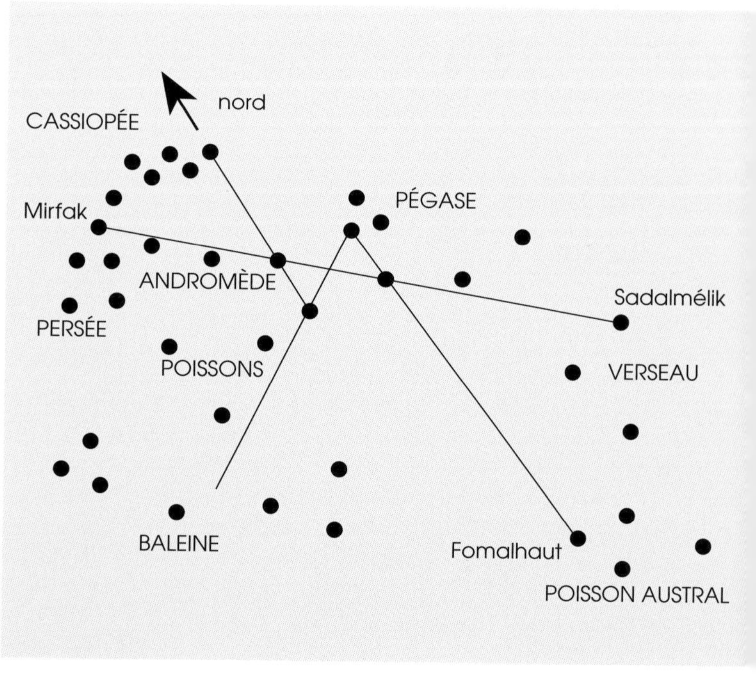

Constellations d'hiver

Le groupe d'étoiles le plus facile à reconnaître dans le ciel hivernal est celui d'Orion, formé d'un grand quadrilatère d'étoiles très lumineuses et au centre duquel ressortent trois autres étoiles presque alignées (les « Trois Rois »). Si on prolonge vers l'horizon la ligne qui les relie, on rencontre Sirius, l'astre le plus lumineux du Grand Chien et de tout le firmament. Si on se déplace dans la direction opposée, on voit apparaître Aldébaran, l'étoile la plus lumineuse du Taureau. En reliant l'angle sud-occidental du quadrilatère avec son angle nord-oriental, on atteint la constellation des Gémeaux, là où campent les étoiles lumineuses dans lesquelles les Grecs anciens voyaient Castor et Pollux, les mythiques Dioscures.

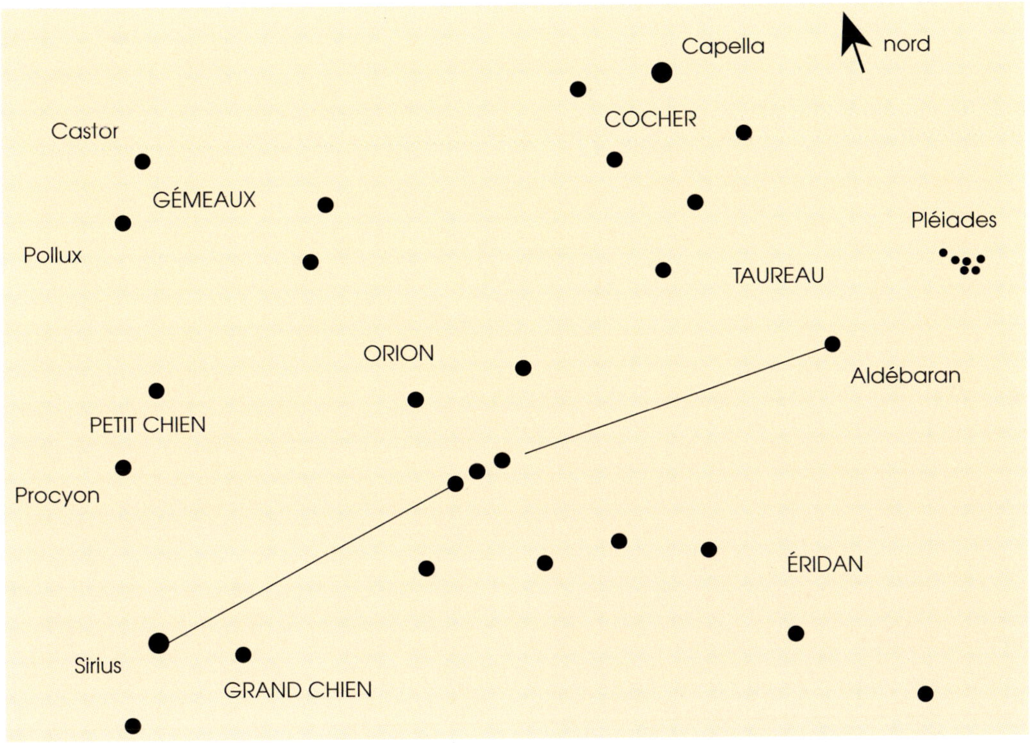

ATLAS

Un atlas (ou catalogue) stellaire sépare le firmament en plusieurs planches qui reproduisent une portion déterminée du ciel. Un index analytique des constellations, avec l'indication des planches sur lesquelles elles se trouvent, aide l'astronome à retrouver les étoiles qu'il a choisies. Sur chaque carte, l'observateur trouve, grossie à une certaine échelle, la portion de ciel sur laquelle il va porter son attention. La carte comprend aussi les objets de l'espace interstellaire.
Il est conseillé de choisir un catalogue dont les pages sont plastifiées pour que l'humidité de la nuit ne le détériore pas trop vite. On trouve aussi des atlas de toutes les tailles : des grands et détaillés comme des cartes routières et d'autres aussi petits qu'un cahier. Ces derniers sont moins précis mais ils sont plus pratiques à utiliser. Le fait de disposer d'une carte moins détaillée peut gêner un observateur qui possède des télescopes puissants (qui lui permettent de rechercher des objets très peu lumineux) mais ne constitue pas un handicap pour celui qui utilise des instruments de petite ouverture ou des jumelles.

CARTES STELLAIRES

À la place des atlas on peut utiliser des cartes stellaires qui sont comparables à des cartes routières. Elles sont plus faciles à consulter qu'un atlas. Une fois ouvertes, elles permettent de regarder un des deux hémisphères sans avoir à rechercher les différentes planches. Elles sont moins détaillées que les atlas mais constituent un très bon point de départ pour connaître, sur le papier, la position des différentes constellations dans le firmament.

Cartes des magazines

Il existe des revues mensuelles spécialisées qui présentent tous les mois une petite carte du ciel à une heure déterminée, qui comprend aussi l'indication des quatre points cardinaux. Si l'on place cette carte au-dessus de la tête et que l'on fait coïncider les points cardinaux, on peut retrouver les constellations qui nous intéressent. Par rapport aux cartes stellaires et aux atlas du ciel, ces petites cartes permettent de constituer un « ciel réel », c'est-à-dire le firmament que l'observateur a devant lui à un moment déterminé. Toutefois, elles présentent deux inconvénients :
– au cours de la nuit, le mouvement de rotation de la Terre change le paysage céleste, ce qui crée un décalage par rapport à la carte ;
– la plupart des cartes sont « étalonnées » sur une latitude moyenne (*cf.* plus loin) mais certaines sont le résultat de la superposition de deux cartes qui se réfèrent à deux latitudes différentes ; il existe ainsi deux « tranches de ciel » qui ne sont observables qu'à partir d'une latitude déterminée et non de l'autre.

ASTROLABES

Pour éviter les problèmes de coordonnées que nous venons de mentionner, on peut utiliser un instrument simple mais très utile : l'astrolabe. Il est composé de deux parties dont l'une couvre les 360° d'horizon de l'observateur et montre toutes les étoiles visibles à partir d'une latitude donnée. On trouve sur les bords de cette partie l'indication des différents jours et des 12 mois de l'année. Un cache mobile est fixé pour encadrer la portion visible et relever l'indication horaire. En faisant coïncider le jour et l'heure, on peut observer le ciel visible à un moment donné. Pour utiliser l'astrolabe sous la voûte céleste, il suffit alors de l'orienter correctement (comme les cartes des magazines) en faisant coïncider ses points cardinaux avec ceux du lieu d'observation.
Il y a beaucoup d'astrolabes dans le commerce et certains présentent quelques variantes : par exemple, le disque qui comprend les jours peut tourner alors que la languette avec les heures reste fixe. Les modèles les plus so-

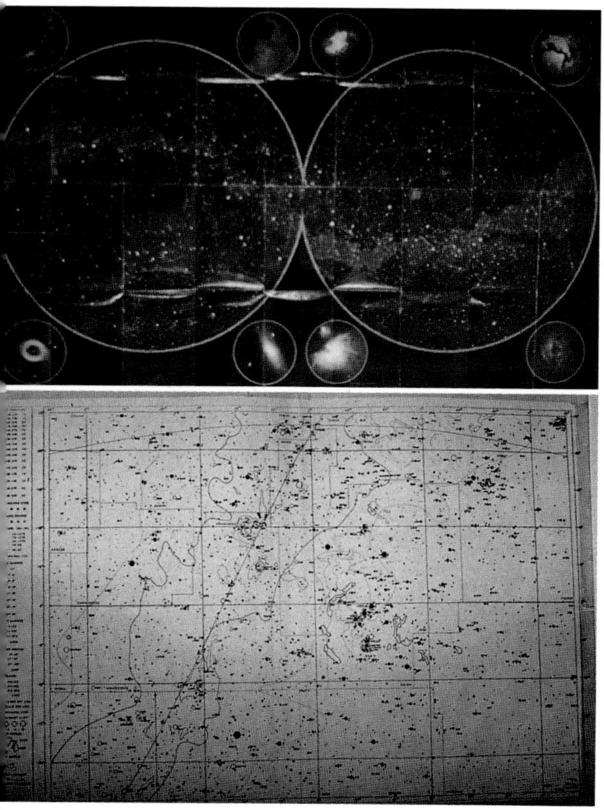

Deux cartes stellaires : celle du dessus représente les deux hémisphères. Bien qu'elle soit très utile pour les débutants, elle est naturellement moins détaillée que celle du dessous

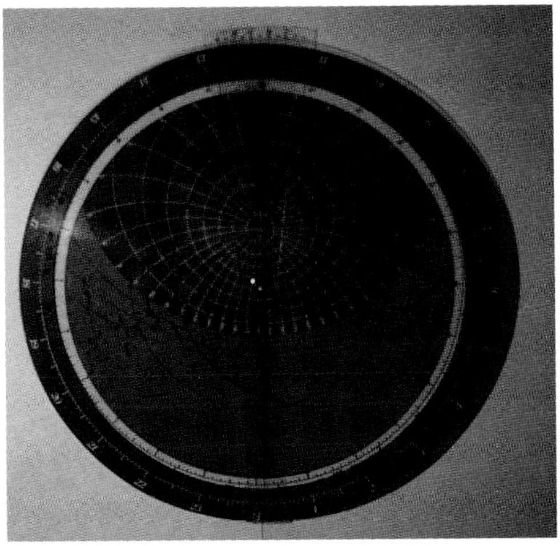

Un astrolabe

phistiqués et les plus chers permettent même de voir les étoiles et les constellations dans le noir parce qu'elles sont recouvertes d'un produit phosphorescent.
Quand on utilise un astrolabe pour partir à la recherche des constellations du ciel, il faut veiller à faire éventuellement coïncider l'horaire de l'astrolabe avec l'heure d'été (dans ce cas, le 22 de l'astrolabe correspond au 23).
L'astrolabe permet de faire une expérience intéressante : si l'on prend comme point de référence sa maison (en ayant des points cardinaux bien déterminés), on peut construire sur le bord de l'astrolabe l'horizon qui reproduit la portion de ciel que l'on a effectivement sous les yeux.
Le seul problème des astrolabes est qu'ils sont nécessairement étalonnés sur la latitude moyenne d'un pays et qu'ils ne tiennent pas compte des différentes portions de ciel visibles en deux lieux qui s'écartent de cette latitude moyenne. Prenons l'exemple du ciel de Lille et de celui de Nice : l'observateur du Nord ne pourra pas admirer les objets placés à une certaine déclinaison, tandis que l'astronome du Sud de la France verra se coucher des étoiles que son collègue du Nord voit au contraire toute l'année.
Malgré cet inconvénient, l'astrolabe constitue un compromis acceptable si l'on considère qu'une variation de quelques degrés de latitude terrestre n'entraîne pas de différences énormes dans les portions de ciel visibles. Il existe toutefois des astrolabes « double face », qui reproduisent d'un côté le ciel visible sous une certaine latitude et de l'autre le ciel visible sous une latitude différente. Ces astrolabes comportent également d'un côté le ciel effectivement visible, sans fournir le nom ni les alignements entre les différentes constellations, qui apparaissent en revanche sur l'autre face.

LOGICIELS

Tous les instruments cités jusqu'ici (astrolabes, atlas, cartes stellaires et cartes de magazines) ne permettent pas à un observateur de rechercher les objets du système solaire (Soleil, Lune, planètes). Cette recherche peut en revanche être effectuée avec un des nombreux programmes d'astronomie que l'on trouve sur le marché.
Un logiciel d'astronomie permet de retrouver ces objets dans le ciel, de les reconnaître facilement et de prévoir à quel moment ils s'approcheront d'autres objets célestes pour former les occultations (quand un objet est recouvert par un autre) ou les conjonctions (quand deux objets se rapprochent).
Un logiciel offre cependant beaucoup d'autres possibilités : il permet avant tout de choisir la localité géographique à partir de laquelle on veut observer le firmament ; en effet, de nombreux programmes reproduisent le ciel visible à partir d'un lieu déterminé et l'utilisateur peut ajouter n'importe quel autre lieu (du pôle Nord au pôle Sud) dont il connaît la latitude et la longitude terrestre. Pour chaque lieu géographique, il existe d'autres fonctions comme l'heure de lever, la culmination (c'est-à-dire le point le plus haut dans le ciel) ainsi que l'heure de coucher des étoiles et des autres corps sur l'orbite autour du Soleil. On trouve aussi la position des quatre satellites galiléens par rapport à Jupiter, celle des objets de l'espace interstellaire, des astéroïdes et des comètes dont l'orbite est déjà connue. Les programmes de ce type permettent aussi de satisfaire la curiosité d'un observateur en lui montrant par exemple les étoiles présentes dans le ciel pendant la journée : on peut d'ailleurs aussi le faire avec des astrolabes et dans un planétarium.
Un logiciel astronomique permet aussi

d'imprimer des cartes célestes que l'on peut emporter avec soi. Comme les programmes ont souvent la fonction « Zoom » on peut même effectuer des grossissements du ciel de 360° qui délimitent l'horizon de l'observateur. On peut ainsi reproduire une carte personnalisée, « étalonnée » sur la latitude voulue, qui présente une portion entière de ciel visible à un moment donné. Si l'on possède un ordinateur portatif qui fonctionne avec une batterie, on peut, au lieu d'imprimer, vivre « en direct » la magie du ciel et partir à la recherche des objets sélectionnés.

CASSETTES AUDIO ET VIDÉO

On trouve dans le commerce des cours d'astronomie sur cassettes. Accompagnés d'un petit livre d'explication, ces cours permettent d'étudier la géographie astronomique et le déplacement de la voûte céleste au cours des quatre saisons. On peut envisager cette étude à deux niveaux : avec l'aide d'une carte ou d'un astrolabe chez soi, pour apprendre « en théorie » les secrets de l'astronomie. On peut aussi utiliser un magnétophone portatif ou bien l'autoradio de sa voiture pour vivre « en direct » le lever des principales constellations ou des étoiles les plus brillantes. La recherche est facilitée par les alignements célestes reportés sur le livre.
La cassette vidéo est un autre instrument pour approfondir ses connaissances du ciel ; en effet, le débutant en astronomie est guidé sur l'écran de sa télévision pour découvrir les principaux objets qui peuplent le ciel. Il peut suivre leur évolution jour après jour puis mettre à profit ce qu'il a appris en allant sur le terrain. Encore une fois, un téléviseur relié à un magnétoscope et placé sur une terrasse ou dans un jardin permet de découvrir « en direct », sous la voûte céleste, les secrets de l'astronomie.

AGENDAS SPÉCIALISÉS

On trouve dans le commerce des agendas qui comprennent beaucoup d'informations qui intéressent l'observateur : les horaires de lever et de coucher du Soleil et de la Lune, le temps sidéral qui indique le passage au méridien d'un point du ciel particulier, appelé point gamma parce qu'il se trouve près de l'étoile γ de la constellation du Bélier. Le temps sidéral est une donnée très importante pour les astronomes parce qu'elle permet de calculer le temps qu'il faut à notre planète pour accomplir une rotation sur elle-même. Il s'agit d'une mesure plus précise que les 24 heures, étant donné que notre planète accomplit une rotation complète sur son axe en 23 heures et 56 minutes.
Comme les astrolabes et les cartes des magazines, les agendas font référence à une latitude moyenne mais, grâce aux explications simples qu'ils contiennent, on peut facilement adapter les horaires fournis à la latitude choisie.
Un agenda comprend aussi la liste des principaux phénomènes astronomiques que l'on peut observer au cours d'une année : éclipses, occultations (le passage d'un corps céleste devant un autre) et conjonctions (le rapprochement de deux corps célestes). Ces phénomènes peuvent être retrouvés dans le ciel avec de simples cartes. On trouve enfin les cartes du ciel classiques, mois par mois, avec les informations nécessaires pour trouver les planètes du système solaire et l'indication des objets les plus intéressants à observer dans les différentes constellations.

ÉPHÉMÉRIDES

C'est un instrument pour les spécialistes mais il s'adresse aussi à ceux qui recherchent des objets difficiles à trouver en utilisant seulement les cartes. Avec l'ascension droite et la déclinaison, on peut viser dans son télescope l'objet sélectionné (en utilisant des cercles gradués et à condition que l'instrument soit « en station »). Les éphémérides sont très utiles pour des objets qui se déplacent rapidement, jour après jour, dans le ciel : par exemple les comètes proches du périhélie (le point de leur orbite le plus proche du Soleil). Elles peuvent aussi être très utiles pour les planètes, surtout celles qui ne sont pas visibles à l'œil nu et donc plus difficiles à repérer.

Bibliographie

AUDOUZE Jean et CHIEZE Jean-Pierre, *Enquête sur l'Univers*, Nathan, 1990.

HAWKING Stephen, *Une brève histoire du temps*, Flammarion, 1991.

LEARNER Richard, *Fenêtres sur l'univers, l'histoire des instruments astronomiques*, Denoël, 1984.

REEVES Hubert, *Poussières d'étoiles*, éditions du Seuil, 1984.
Patience dans l'azur, éditions du Seuil, 1988.

REY Hans Augusto, *Sachez lire les étoiles*, Éditions maritimes et d'outre-mer, 1991.

Table des matières

Achevé d'imprimer en mai 2001
à Milan, Italie,
sur les presses de Grafiche Mazzucchelli S.p.A.

Dépôt légal : mai 2001
Numéro d'éditeur : 7025